Betrachtungen

eines in Deutschland reisenden Deutschen.

Betrachtungen

eines

in Deutschland reisenden Deutschen.

Von

P. D. Fischer.

Zweite, vermehrte Auflage.

Springer-Verlag Berlin Heidelberg GmbH 1896

ISBN 978-3-662-35852-8 ISBN 978-3-662-36682-0 (eBook)
DOI 10.1007/978-3-662-36682-0
Softcover reprint of the hardcover 2nd edition 1896

Vorwort zur ersten Auflage.

Für zwei Dinge ist der Verfasser der nachstehenden Betrachtungen seit langer Zeit seinem Geschick zu besonders herzlichem Dank verpflichtet. Einmal, daß es ihm vergönnt ist, den Aufschwung Deutschlands zu einem hoffentlich nun für immer einigen Reiche, das Ziel der Sehnsucht und des Ringens so vieler vorangegangener Geschlechter, mitzuerleben. Und sodann, daß ihm die Freude zu Theil wird, Deutschland umfassender kennen zu lernen, als dies in der Regel geschieht.

Die kleine Schrift, in welcher ein Theil der auf langjährigen Reisen in Deutschland gesammelten Beobachtungen niedergelegt ist, sei freundlichen Lesern zur Beherzigung empfohlen.

Berlin, im Mai 1895.

P. D. Fischer.

Vorwort zur zweiten Auflage.

Der zweiten Auflage der „Betrachtungen" wünscht der Verfasser eine ebenso freundliche Aufnahme beim deutschen Publikum, wie sie der ersten zu Theil geworden ist. Gern bekennt er sich zu dem, was wohlwollende Kritiker seinen gesunden Optimismus genannt haben, nämlich zu dem festen Glauben, daß das Leben in Deutschland heute nicht weniger lebenswürdig ist, als in irgend einer früheren Periode der deutschen Volksentwickelung. Jemehr es den Betrachtungen gelingt, diesen Glauben auch bei ihren Lesern zu befestigen und die Lust, in Deutschland zu reisen, bei uns wieder heimisch zu machen, destomehr wird der Zweck des kleinen, in der neuen Auflage mannichfach berichtigten und ergänzten Buches erfüllt.

Berlin, im April 1896.

P. D. Fischer.

Inhaltsangabe.

I.

Einleitendes.

Sonst und Jetzt. Wer, wie der Schreiber dieser Zeilen, vor fünfzig Jahren seine erste Reise gemacht, der hat die größte Umwälzung im Reisen erlebt, die je vorgekommen ist, seitdem Menschen auf Erden ihren Aufenthalt wechseln. Denn damals waren die Eisenbahnen im Entstehen begriffen; weite Strecken wurden noch mit der Post, im eigenen Wagen oder zu Fuß zurückgelegt; jetzt aber, wo alle fünf Welttheile vom Flügelrade durcheilt werden, wo selbst China ihm nicht länger sich verschließen kann, jetzt ist wirklich

so weit die Menschheit haus't,
Der Schienenstrang gespannt.

Entfernungen, die noch vor wenigen Jahrzehnten der Mehrzahl der Menschen für unüberwindlich galten, sind zu Ferienausflügen zusammengeschrumpft, die auch mäßig Bemittelte sich leisten können. In den Orient und Occident, rings um die Küsten des Mittelmeeres oder nordwärts bis ins Land der Mitternachtsonne führen wohlorganisirte Massentransporte alljährlich Schaaren von Vergnügungsreisenden, die sich vordem mit einer Rheinfahrt oder dem früher so gepriesenen Donauthalwege von Regensburg nach Wien begnügt hätten. Die Schweiz, die Tiroler Alpen, Italien sind jetzt für Tausende erreichbar, denen vor fünfzig Jahren der Harz, die Ufer der Elbe oder das Riesengebirge als begehrenswerthe Reiseziele erschienen. Ceylon und Java, früher unerreichbare Fernen, werden jetzt in steigendem Maße auch von deutschen Sportliebhabern zu Jagdausflügen aufgesucht. Selbst in Gesellschaftsreisen um die Erde fangen deutsche Reiseunternehmer wie Stangen, Riesel und Andere an, englischen und amerikanischen Globe-Trotter-Spediteuren mit Erfolg Konkurrenz zu machen.

Heute wird unendlich viel mehr und viel weiter gereist, als da unsere Väter jung waren; aber wissen wir in Deutschland besser Bescheid als sie? Werden uns auf unseren vielen und weiten Reisen Land und Leute auch nur so weit bekannt, wie unsere Väter sie kennen gelernt haben? Als Adolf Diesterweg Anfangs der vierziger Jahre von Siegen nach Berlin berufen wurde, um die Leitung des Stadtschullehrer-Seminars zu übernehmen, kaufte er sich ein Gespann und einen Planwagen, auf den er seine Familie verlud und den er selbst im blauen Fuhrmannskittel quer durch Hessen, Thüringen und Sachsen bis in die dem Rheinländer damaliger Zeit so fremde preußische Hauptstadt kutschirte. Auf solcher Fahrt mußte man seine Sinne anders zusammennehmen als jetzt, wo man um 6 Uhr 35 Minuten Nachmittags aus Siegen abreist, um über Hagen im Schlafwagen des Nachtschnellzuges Verviers-Berlin am nächsten Morgen um acht Uhr am Ziele zu sein. Und wenn unsere Eltern oder bei jüngeren Lesern die Großeltern — einmal in ihrem Leben! — im eigenen Wagen oder mit Extrapost sich zu einer sorgfältigst überlegten und vorbereiteten Badereise, etwa nach Homburg oder Baden-Baden aufschwangen, dann hatten sie, wenn sie wohl durchrüttelt heimkehrten, mehr von Deutschland gesehen als ihre Nachkommen, die alljährlich zur Reisezeit ihr Vaterland Nachts durchschlafen, um ihre Reise am Bodensee oder allenfalls in München eigentlich erst zu beginnen.

Nicht anders war's mit den Reisen bestellt, die nicht zur Erholung oder zum Vergnügen, sondern zu bestimmten Zwecken oder berufsmäßig gemacht werden mußten. Die höheren Schulen waren damals nicht so dicht gesäet als heute, die Entfernungen von und nach Haus weiter, Eisenbahnen nicht vorhanden, die Plätze im Postwagen für Schülerbeutel unerschwinglich. Was blieb übrig als die pedes apostolorum? Und ging's aus den Kartoffelferien wieder schulwärts, dann rüstete mancher brave Pastor oder Gutsbesitzer den Ackerwagen mit Mundvorrath für den Winter, und die Herren Scholaren trabten zu Fuß fröhlich neben her durch die Heide zur Gymnasialstadt hin. Die Cadetten, deren muntere Schwärme beim Beginn und zu Ende der Ferien jetzt die Bahnsteige beleben, wurden damals vielfach auf Leiterwagen aus Culm, Wahlstatt u. s. w. nach der Heimath befördert; wohl ihnen, wenn der Himmel ein Einsehen hatte und die Zöglinge des Mars und der Minerva, zu deren

Kriegstracht ein Mantel nicht gehörte, mit so harter Kälte verschonte, wie sie Albrecht v. Roon, der nachherige Kriegsminister des alten Kaisers Wilhelm, auf der Leiterfahrt von Culm nach Pommern wiederholt hat erleiden müssen. — Im Wagen reiste der Kaufmann, reiste der Fabrikant, um seine Kundschaft heimzusuchen; zu den unerläßlichen Fertigkeiten des Handlungsreisenden — damals meist Männer in gesetzteren Jahren — gehörte die Kunst, den Einspänner, mit welchem die „Tour“ gemacht wurde, selbst zu lenken und für Roß und Wagen gebührend zu sorgen. Zu den Messen in Leipzig, Frankfurt a. O., Magdeburg, welche noch um die Mitte dieses Jahrhunderts in weit höherem Grade als jetzt den Absatz zwischen Producenten und Consumenten, sowie den Verkehr zwischen dem Groß- und dem Kleinhandel vermittelten, zogen aus allen Richtungen der Windrose die Theilnehmer in langen Beiwagenzügen der Post, deren Ankunft alle Zwischenstationen, Treuenbrietzen, Müncheberg ꝛc. in nicht geringe Aufregung versetzte. Zu ihnen stießen Karawanen fremdartiger Gefährte, welche bärtige Männer in Kaftanen, die Vorbilder von Gustav Freytags Schmeye Tinkeles, aus dem fernen Osten, aus Polen und Galizien heran brachten, die hochgeschätzten Abnehmer deutscher Tuche, Barchents und anderer Industrieerzeugnisse. Viel Vergnügliches wurde auf solchen Meßfahrten nicht erlebt; der Kaffee und die sonstigen Genüsse der Passagierstuben ließen manches zu wünschen übrig, und mit den Betten war's beim etwaigen Nachtquartier unterwegs nicht immer zum Besten bestellt. Allein man reiste doch als Person, in eigener Verantwortung und mit der Möglichkeit eines gewissen selbständigen Verhaltens, und man sah in Folge dessen unterwegs unzweifelhaft mehr als man jetzt aus dem Wagenfenster des Schnellzuges nach Leipzig oder Magdeburg beim besten Willen wahrzunehmen im Stande ist.

In noch weit stärkerem Maße war dies der Fall bei den Fußreisenden. Für ganze Stände war noch vor zwei Menschenaltern der Wanderstab die einzige Reisegelegenheit. Vor Allem für den ehrsamen deutschen Handwerkerstand, von dessen Gesellen die Zurücklegung eines oder mehrerer Wanderjahre vor Erlangung des Meisterrechts durch Brauch und Satzung verlangt wurde. Der „Handwerksbursche, den Stab in der Hand“, war eine durch und durch volksthümliche Gestalt, die uns, nachdem sie der nivellirenden Wirkung der Eisenbahn erlegen ist, noch durch manch' frisches Wanderlied und manches Bild lebendig erhalten wird. Den Knotenstock in der Hand, den wachstuchüberzogenen Hut auf dem Kopf, auf dem Rücken das wohlgefüllte Felleisen, zu dessen Seiten die Sohlen eines Reservestiefelpaares vertrauenerweckend hinausschauten, so zog Bruder Straubinger unverdrossen die deutschen Landstraßen entlang, meist zu Zweien oder Dreien, nicht selten guter Leute Kind, um sich in den Centren des deutschen Gewerbefleißes in seiner „Profession“ zu vervollkommnen, sich in die Leute zu schicken und dereinst als gereister, erfahrener Mann seinen Platz auf der Innungsbank würdig auszufüllen. Die Erinnerungen an die nicht immer leichte, aber den ganzen Menschen anfassende und festigende Wanderzeit sind tüchtigen Männern ein Schatz fürs Leben gewesen, aus dem sie in späteren Jahren der aufhorchenden Jugend gern mittheilten. Sie werden durch den Besuch der Baugewerks-, Webe- und sonstigen Fachschulen, die jetzt von jungen Handwerkern vor der Niederlassung als selbständige Unternehmer aufgesucht werden, nicht ersetzt. Trotz der verfassungsmäßigen Freizügigkeit bekommt der Durchschnittshandwerker heute weniger von Deutschland zu sehen als in den Zeiten des viel gescholtenen Zunftzwanges, und er ist der Gefahr, selbstsüchtigen Agitatoren als Spielball zu dienen, stärker ausgesetzt als seine Vorfahren, die sich auf der Wanderschaft mehr praktischen Verstand und vor Allem mehr Menschenkenntniß anzueignen vermochten.

Bessere Kenntniß unseres Vaterlandes nothwendig. Mag es nach alle dem unentschieden bleiben, ob wir Deutschland besser kennen als unsere Väter und Großväter, so kann darüber schlechterdings kein Zweifel bestehen, daß die Kenntniß unseres Vaterlandes uns dringender nöthig ist, als sie ihnen war. Was hatte zur Zeit des deutschen Bundes, vormärzlichen Andenkens, der Süddeutsche mit dem Norddeutschen, der Hesse mit dem Holsteiner, der Sachse mit dem Oldenburger und der Mecklenburger mit allen anderen Deutschen viel zu theilen? Mit Ausnahme des Zollvereins besaßen die Angehörigen der achtunddreißig souveränen deutschen Bundesstaaten vor der Aera der Eisenbahnen wenig gemeinsame Einrichtungen; ihre Staatsangehörigen waren in erster Linie Preußen, Württemberger, Sachsen-Gothaer, Frankfurter; als Deutsche fühlten sie sich nur in geschichtlichen Erinnerungen oder durch die geistigen Interessen der Literatur, der Kunst und Wissenschaft vereinigt. Es war die Zeit, in welcher Heine spottend ausrufen durfte:

Franzosen und Russen gehört das Land,
Und das Meer gehört den Briten;
Uns Deutschen bleibt nur das Reich der Luft,
Das Reich des Traums unbestritten.

Heute steht Deutschland, als Reich wieder erstanden, in einer Weltstellung, in welcher wir uns allen Gewalten zum Trotz zu erhalten haben; wir haben einen Kaiser, der den Oberbefehl über Deutschlands Heeresmacht führt; von der Gaffel deutscher Kriegsschiffe weht die deutsche Flagge; unter Einer Flagge segeln die Handelsschiffe deutscher Häfen, gleichviel ob sie in Emden, in Lübeck oder in Memel gemustert worden sind. Deutschland, das politisch geeinte, ist ein Wirthschaftsgebiet geworden, das auf gemeinsamen Gedeih und Verderb theilnimmt an dem internationalen Wettkampf der gewerblichen, der Handels- und der Ackerbauinteressen. Eine auf Grund des allgemeinen Stimmrechts erwählte Volksvertretung hat über die wichtigsten politischen, militärischen und wirthschaftlichen Fragen der Nation zu entscheiden.

Und wie in den öffentlichen Angelegenheiten, so

sind wir Deutschen uns auch in tausend anderen Dingen des täglichen Lebens ungleich näher gerückt, als man noch vor dreißig Jahren hätte erwarten dürfen. Ein Maß und Gewicht gilt auf Märkten und Messen; mit gleicher Münze wird im Norden und Süden gezahlt; ja von Memel bis Trier und Metz zeigt die Uhr zur gleichen Minute (mitteleuropäische Zeit) die Mittagsstunde. Für den Dachdecker, der in Greiz vom Dache fällt, für den Holzknecht, der sich beim Fällen einer Schwarzwaldtanne beschädigt, sorgen auf Grund des Unfallversicherungsgesetzes Berufsgenossenschaften, welche das ganze Reichsgebiet umfassen, und das Reich ist es, welches sich gemeinschaftlich mit den Arbeitgebern und Arbeitnehmern an den Kosten der Alters- und Invalidenversicherung für die gesammte Arbeiterbevölkerung betheiligt.

Unberechtigter Pessimismus. Während wir so in nie geahntem Maße erreicht haben, was seit Geschlechtern das Ziel der deutschen Einheitsbewegung gewesen ist, sehen wir heute mehr als je in weiten Kreisen die Neigung vorherrschen, unserm Volke die Freude an dem mühsam Errungenen zu verbittern, die Hoffnung auf eine noch bessere Zukunft zu verdüstern. Nicht bloß die Wortführer von Parteien, welche in der Erregung von Unzufriedenheit mit den bestehenden Zuständen das Ziel ihres Daseins erblicken, suchen die Meinung zu verbreiten, daß wir binnen kurz oder lang den Zusammenbruch der heutigen Gesellschaftsordnung zu gewärtigen hätten. Auch sind es nicht mehr einzelne Fanatiker, welche durch Schürung von Rassenhaß und Massenhaß eine Heilung aller Schäden, an denen wir kranken sollen, zu erreichen hoffen. Nein, wir haben erlebt und erleben es täglich aufs Neue, daß Jeder, der in seinem Berufe, in seinem Erwerbe, in seinen kirchlichen oder politischen Bestrebungen nicht das Ideal seiner Wünsche voll verwirklicht sieht, sich mit den Unzufriedenen der entgegengesetzten Richtung verbündet, um der Welt zu verkünden, daß Deutschland am Rande des Abgrundes stehe und unfehlbar hineinfallen müsse, wenn es sich länger noch weigere, auf die allein seligmachende Lehre des betreffenden Propheten zu schwören. Aus den verschiedensten Lagern tönt uns die Versicherung entgegen, daß es so nicht weiter gehen könne; von rechts, von links und aus der Mitte ruft man uns zu, daß das gesellschaftliche und wirthschaftliche Leben Deutschlands durch das Ueberwuchern des Kapitalismus und der Großindustrie den schwersten Katastrophen entgegeneile. Und alle diese Unzufriedenen finden sich in ihren Anschauungen bestärkt durch eine Richtung in der Literatur, welche immer einseitiger die Uebelstände der bestehenden Ordnungen zum Gegenstande ihrer Darstellung, namentlich ihrer dramatischen Produktion erwählt und die unter der Flagge des Naturalismus, des Positivismus, des Verismus geradezu Zerrbilder der wirklichen Zustände zu Tage fördert.

Sind wir in Deutschland in Wirklichkeit jetzt ärmer, sind wir in Stadt und Land übler daran als früher? Hat sich der Unterschied zwischen den Besitzenden und den arbeitenden Klassen so erweitert, wie dies behauptet wird? Geht Deutschland seinem wirthschaftlichen Verfalle, dem sittlichen Niedergange entgegen, und ist das Leben auf deutschem Boden so wenig lebenswerth geworden, wie man uns heute glauben machen will?

Niemand, dem es um mehr als bloße Schlagworte zu thun ist, wird sich vermessen, auf alle diese Fragen eine erschöpfende Antwort zu geben. Wohl aber vermag Jeder dazu beizutragen, daß der Pessimismus, welcher sich im politischen und gesellschaftlichen Leben, in der Auffassung unserer wirthschaftlichen Zustände über Gebühr geltend macht, durch eine unbefangene Erkenntniß des wirklichen Standes der Dinge in seine Schranken zurückgeführt, daß die grämliche Weltanschauung, die in der Presse und in der Literatur das große Wort führt, durch gesunde und berechtigte Freude am Dasein berichtigt und überwunden werde. Hierzu gibt es kaum ein wirksameres Mittel, als daß wir uns das Auge offen und den Sinn zugänglich erhalten für das frische, volle Leben, das uns umgibt, und daß wir, statt uns durch die Uebertreibungen und Rohheiten des Parteikampfes verstimmen oder bange machen zu lassen, selbst zusehen, wie es in unserem lieben Vaterlande eigentlich hergeht.

Ich habe seit langer Zeit meine Freude daran, von Deutschland mehr als die landläufigen Heerstraßen kennen zu lernen. Schon als Schüler und als Student habe ich manche Strecken durchwandert und ich brauche Gott sei Dank auch jetzt, wo ich zu den Alten zu zählen anfange, vor einem tüchtigen Marsche nicht zurückzuscheuen. Seit mehr als fünfundzwanzig Jahren einer Verkehrsverwaltung angehörig, darf ich jährlich wiederkehrende Reisen in die verschiedensten Theile unseres Vaterlandes zu meinen Amtspflichten rechnen. Diese Reisen führen nicht nur in die großen Mittelpunkte des Verkehrs, sondern haben den Zweck, die Wirksamkeit unserer Einrichtungen innerhalb ganzer Bezirke in Stadt und Land zu betrachten. So gibt's allmählich kaum noch ein deutsches Gebiet, das ich nicht öfters eingehend und zu den verschiedensten Jahreszeiten bereist; unter den Mittel- und selbst den Kleinstädten sind wenige, die ich nicht besucht hätte. Im Sommer und im Winter, im knospenden Frühling wie im bunten Herbst hat mich mein Weg durch masurische Heiden und friesische Marschen, über die Vogesen, den Hunsrück, den Westerwald und die Eifel, in die Niederungen der Ems, der Weser, der Elbe, Oder, Warthe, Weichsel, des Pregels und des Niemens, in die Industriebezirke am Rhein, im Ruhr-, Wupper- und Saarthale, sowie an den Abhängen des Thüringer Waldes, des Erz- und des Riesengebirges, in das Kohlen- und Eisenland von Oberschlesien, nicht weniger aber auch in die Fruchtgefilde unserer Ackerländer, nach Mecklenburg und Pommern, Posen und Niederschlesien, Holstein und Hessen geführt. Ohne mich an Kenntniß deutschen Landes und an Beobachtungsgabe dem wackeren Schwaben Karl Julius Weber irgendwie gleichstellen zu wollen, dessen vor mehr als sechzig Jahren erschienene „Briefe eines in Deutschland reisenden Deutschen“ trotz ihrer vier Bände noch heute ebenso gelesen zu werden verdienen wie sein „Demokrit“ trotz seiner sechs, glaube ich ohne Ueberhebung, mich gleichfalls einen in Deutschland reisenden Deutschen nennen zu dürfen, und ich bitte die nachstehenden Betrachtungen als einen bescheidenen Beitrag zur Erörterung der Frage, wie es heutzutage in Deutschland aussieht, nachsichtig aufzunehmen.

II.

Wie man in Deutschland reist.

Mit Dampfschiffen. Beginnen wir, wie billig, mit einigen Bemerkungen darüber, wie gegenwärtig bei uns gereist wird, so steht in Erwartung des herannahenden Zeitalters der Elektricität einstweilen der Dampf als bewegende Kraft weitaus oben an. Unter den Dampfreisegelegenheiten aber überwiegen die Eisenbahnen in einem Maße, das weder durch die Gestalt unserer Küsten noch durch die Größe und Beschaffenheit unserer Wasserläufe vollkommen gerechtfertigt wird. Das Dampfschiff, für jeden leidlich Seefesten das beste Vehikel über See und für Jedermann die willkommenste Art, auf Flüssen zu reisen, wird in Deutschland lange nicht in ausreichendem Umfange als Reisemittel gewürdigt; ja es ist, trotz der auch bei uns im Wachsen begriffenen Vorliebe für Seereisen, gegenüber seiner früheren Verwendung vielfach in den Hintergrund zurückgedrängt worden. Die Postdampferlinie zwischen Stettin und St. Petersburg, noch in den fünfziger Jahren bei weitem die beste Verbindung zwischen der preußischen und der russischen Metropole, ist nach Vollendung der Bahnlinie Eydtkuhnen-St. Petersburg eingegangen. Den

Dampfschiffen zwischen Kiel-Korsöer und Stralsund-Malmö fällt der Mitbewerb mit Linien schwer, auf denen, wie zwischen Rostock und Kopenhagen, ein größerer Theil des Weges mit der Bahn zurückgelegt werden kann. Zwischen Hafenplätzen wie Königsberg und Danzig, Stettin und Stralsund, ja Bremen und Hamburg läßt die Konkurrenz der Eisenbahnen regelmäßige Dampfschiffverbindungen für Reisezwecke nicht mehr fortkommen. Ebenso hat sich die Flußdampfschiffahrt in der Personenbeförderung von den Eisenbahnen überflügeln lassen. Auf der Oder, die sonst im Sommer bis Küstrin, nicht selten bis Frankfurt von regelmäßigen Personendampfern befahren wurde, ist aufwärts nur noch die kleine Linie Stettin-Gartz erhalten geblieben. Die früher sehr beliebten Dampferfahrten auf der Weser von Münden über Hameln nach Minden sind zu einer schwachen Verbindung zwischen Münden und Hameln, die aber häufig nur bis Karlshafen reicht, zusammengeschmolzen. Die Donau wird nur noch von Passau abwärts, die Elbe, abgesehen von dem regen Lokaldampferverkehr zwischen Dresden-Meißen und Dresden-Tetschen, wesentlich nur abwärts Hamburg, die Weichsel — leider! — gar nicht zu Dampfschiffreisen benutzt. Der einzige unserer herrlichen großen Ströme, auf welchem Dampfschiffe neben den Eisenbahnen mit Erfolg kursiren, ist der Rhein, der zu allen Jahreszeiten, vorzugsweise aber im Sommer und im Herbst, ein fröhliches Menschengewimmel auf den gastlichen Schiffen der Köln-Düsseldorfer Gesellschaft zu Berg und zu Thal fahren sieht, und der schon auf dem Bodensee die Flaggen aller Uferstaaten im Dienste eines äußerst lebhaften Reiseverkehrs begrüßt.

Ich kann mich des Eindruckes nicht erwehren, daß manche deutsche Dampfschiffunternehmungen nicht vollauf das ihrige thun, um ihren Linien die Gunst des reisenden Publikums zuzuwenden und zu erhalten. Wer Gelegenheit hat, die Dampfschiffe, welche deutscherseits den Reiseverkehr zwischen Stettin und Kopenhagen vermitteln, mit den schmucken, behaglich eingerichteten Fahrzeugen zu vergleichen, welche in anderen Ländern zu ähnlichen Lustreisen benutzt werden, der wird es zwar bedauern, aber doch begreifen, daß mancher gute Deutsche den dänischen Konkurrenzschiffen den Vorzug vor denen des Stettiner Rheders gibt. Für die reizenden Ausflüge an den Küsten von Rügen oder von dort über See, z. B. nach Bornholm, stehen den zahlreichen Badegästen, die sich zur Sommerszeit und im Herbst auf der deutschen Isle of Wight zusammenfinden, in den meisten Fällen nur Schiffe von geringer Bequemlichkeit zu Gebote. Ebenso lassen mehrere der Dampfer, die von Hamburg aus die stark besuchten Kurse über Helgoland nach den Badeorten auf den ost- und westfriesischen Inseln befahren, so viel zu wünschen übrig, daß viele Reisende die Tage abwarten, an denen das beste Schiff der Linie fährt. Daß die deutschen Rhedereien mit dem Komfort ihrer Dampfer den Vergleich mit dem Auslande sonst nicht zu scheuen haben, ist weltbekannt; den ostasiatischen Postdampfern des Norddeutschen Lloyds wendet sich trotz des scharfen Wettbewerbs der britischen und französischen Schiffe in steigendem Maße die Gunst der Reisenden aller Nationen zu. Ebenso wird die Behaglichkeit, ja die Pracht der großen Schnelldampfer gepriesen, die neuerdings zahlreiche deutsche Reisende zu Lustfahrten um die Küsten des Mittelmeeres oder zu Nordcapreisen vereinigen. Was für Reisen ins Ausland möglich ist und geboten wird, sollte das den deutschen Dampfschiffunternehmern nicht auch für den Reiseverkehr an den deutschen Küsten und auf den deutschen Meeren als ein wünschenswerthes und erreichbares Ziel erscheinen?

Uebergewicht der Eisenbahnen. Je schärfer sich das Uebergewicht, ja man kann sagen die Alleinherrschaft der Eisenbahnen im großen deutschen Reiseverkehr ausspricht, desto mehr ist ihr Betrieb naturgemäß der Kritik ausgesetzt. Jeder unerfüllt gebliebene Wunsch zieht lebhafte Beschwerden nach sich, und wer sich sein Urtheil über die Leistungen der deutschen Eisenbahnen nach den abfälligen Stimmen bilden wollte, welche darüber in der Presse wie im parlamentarischen Leben nicht selten laut werden, würde zu Ergebnissen kommen, welche der Wirklichkeit und der Gerechtigkeit gleich wenig entsprechen. Wer in der Lage ist, diese Leistungen auf Grund ausgedehnter persönlicher Erfahrung zu würdigen, wird dankbar anerkennen, daß die deutschen Bahnen an Pünktlichkeit, Sicherheit und Billigkeit der Personenbeförderung den Vergleich mit keinem anderen Lande zu scheuen haben. Ich will mich nicht darauf berufen, daß man bei durchgehenden Zügen, im Nachtschnellzug, sowie in den rasch und mit Recht beliebt gewordenen Harmonikazügen, — höhere Gewalt ausgenommen — mit voller Sicherheit darauf rechnen kann, zur fahrplanmäßigen Zeit, und zwar meist unter Einhaltung der Minute, anzulangen. Bei solchen Zügen ist Pünktlichkeit einfach selbstverständlich. Aber sie bildet auch im Lokalverkehr deutscher Bahnen mehr als anderwärts die Regel. Verspätungen von einer Stunde und mehr, wie sie auf den Provinzialbahnen Italiens tagtäglich vorkommen, gehören bei uns selbst auf abgelegenen Routen und auf Nebenbahnen glücklicher Weise zu den äußersten Seltenheiten. Im Allgemeinen darf man im Sommer wie im Winter bei uns allerwärts darauf rechnen, pünktlich befördert zu werden.

Nicht minder hoch zu veranschlagen ist die verhältnißmäßig große Zahl der auf den deutschen Bahnen laufenden Züge. Diese Zahl sinkt selbst auf Seitenlinien und Nebenstrecken selten unter täglich drei in jeder Richtung; sie steigt noch beträchtlich dadurch, daß auch regelmäßig verkehrende Güterzüge unter nicht allzu schweren Bedingungen für Personenbeförderung zugänglich sind. Auch in dem für den Reiseverkehr außerordentlich wichtigen Punkt der Häufigkeit der Verbindungen werden die deutschen Bahnen, Alles in Allem gerechnet, von anderen Ländern mit annähernd ähnlichen Bevölkerungsverhältnissen schwerlich übertroffen, meistens wohl nicht erreicht. Hinter der Schnelligkeit, mit welcher im Stadtverkehr Londons die Züge auf einander folgen, bleibt der Berliner Stadtbahnbetrieb freilich ebenso weit zurück, wie Berlin trotz seines rapiden Wachsthums noch hinter dem Stadtkoloß an der Themse zurückgeblieben ist.

Die große Sicherheit des deutschen Bahnbetriebes, der zu Folge verhältnißmäßig sehr viel weniger Beschädigungen von Reisenden und beim Dienstpersonal auf Eisenbahnreisen als bei Wagenfahrten vorkommen, ist bis in die neueste Zeit einigermaßen auf Kosten der Schnelligkeit erreicht worden. Namentlich wurden unsere Schnellzüge durch die Gangart englischer und amerikanischer Expresses weit überholt. Jetzt werden auch in Deutschland Schnelligkeiten erzielt, die selbst weitgehenden Anforderungen genügen. Schnellzüge, wie die, welche die 286,3 Kilometer zwischen Berlin und Hamburg in drei Stunden 37 Minuten, also in der Stunde nahezu 85 Kilometer oder über elf deutsche Meilen zurücklegen, der Jagdzug, der Köln von Berlin aus in neun Stunden erreicht, die Blitzzüge zwischen Berlin und Frankfurt a. M. lassen an rascher Gangart kaum etwas zu wünschen übrig. Auch im internationalen Verkehr verdient es als eine achtbare Leistung anerkannt zu werden, daß Rom von Berlin aus über den Brenner in achtunddreißig Stunden, und zwar ohne Wagenwechsel, erreicht werden kann, obwohl dieser Römerzug in Bayern an einer viel größeren Zahl von Stationen anhält, als sonst bei durchgehenden Schnellzügen für zulässig gilt.

Einen Hauptvorzug deutscher Eisenbahnreisen dürfen wir nicht vergessen: das ist ihre Wohlfeilheit.

Auf die Gefahr hin, den Zorn der Herren zu erregen, welche sich für die Einführung des Zonentarifs in Deutschland interessiren, und ohne zu verkennen, daß es im deutschen Personentarif mehr als einen reformbedürftigen Punkt gibt, trage ich doch kein Bedenken auszusprechen, daß mir kein Land bekannt ist, in welchem man für das gleiche Maß von Pünktlichkeit, Schnelligkeit und Bequemlichkeit des Reisens so wenig auszugeben hätte wie auf deutschen Bahnen. Mit der Einrichtung amerikanischer Palace-cars können sich, nach Allem, was glaubwürdig darüber berichtet wird, unsere Wagen nicht messen. Unsere Coupés erster Klasse werden, wie man versichert, an Behaglichkeit und Eleganz von den entsprechenden russischen Wagen übertroffen. Aber unsere dritte Klasse kommt an Sauberkeit, Zweckmäßigkeit und Geräumigkeit der Plätze im Allgemeinen der zweiten Klasse, unsere zweite Klasse vielfach der ersten anderer Länder gleich; beide, die dritte wie die zweite Klasse, können in Deutschland benutzt werden und werden thatsächlich in großem Umfange von Personen benutzt, welche im Auslande eine entsprechend höhere Klasse zu wählen sich verpflichtet fühlen. Dazu kommt, daß bei uns eine viel größere Zahl von direkten Zügen auf weite Entfernungen, selbst von Nacht- und Schnellzügen mit drei Wagenklassen versehen ist als im Auslande. Man kann von Berlin nach München in vierzehn Stunden 23 Minuten in durchgehenden Wagen dritter Klasse, und auf gleiche Weise in elf Stunden nach Frankfurt a. M. reisen, und zwar zu Preisen, die weit hinter dem zurückbleiben, was im Auslande für eine ähnliche Leistung bezahlt wird. — Die Hauptsache aber, in der wir hinsichtlich der Wohlfeilheit des Eisenbahnreisens allen anderen Völkern voraus sind, ist unsere vierte Klasse, durch welche nicht nur bei einer großen Menge von Zügen die theureren Klassen entlastet und entsprechend verannehmlicht werden, sondern die an und für sich den minder Bemittelten eine ganz außerordentlich billige und in ausgedehntestem Maße benutzte Reisegelegenheit gewährt.

Die Bequemlichkeit ist, wie überhaupt, so namentlich beim Reisen derartig Sache des persönlichen Geschmackes, daß Niemand hoffen darf, allen Ansprüchen gerecht zu werden. Vergleicht man das, was auf deutschen Bahnen hinsichtlich der Beköstigung, der Reinlichkeit, der Erleichterung des Schlafens, der Einrichtung und Besetzung der Coupés geleistet wird, unbefangen mit ausländischen Einrichtungen, so wird man finden, daß wir zwar noch manches zu lernen haben, in Vielem aber voraus sind. Die zulässige Grenze der Coupébesetzung gibt in Deutschland, von den freilich argen Mißbräuchen im Berliner Stadtbahn- und Vorortsverkehr und von Ausnahmefällen vorübergehender Ueberhäufung abgesehen, zu begründeten Klagen im Ganzen wenig Anlaß. Wer unverwöhnt ist, wird sich Nachts in jeder Wagenklasse ein leidliches Dasein verschaffen können. Verwöhntere Naturen finden die Zahl der von Nachtwagen begleiteten Züge zu gering und sind von der Schlafeinrichtung nicht befriedigt. Eine willkommene Erleichterung der

Nachtruhe ist Vielen bescheert worden durch den Wegfall des dreimaligen Glockenziehens vor Abgang der Züge, durch welches bis dahin auf den preußischen Stationen viel Schlaf „gemordet" wurde. Für die Beköstigung unterwegs ist in Deutschland, vielleicht mit Ausnahme von Rußland, und auch dort wohl nicht überall, besser als in irgend einem anderen Lande durch die Zahl und die im Allgemeinen löbliche Beschaffenheit der Bahnhofswirthschaften gesorgt. Nur ist die Anziehungskraft, welche diese Wirthschaften auf die Einheimischen ausüben, mitunter so groß, daß ihr Hauptzweck, die Verpflegung der Reisenden, dadurch beeinträchtigt wird, namentlich an schönen Sonntagnachmittagen, wo der Bahnhof kleiner und auch mittlerer Orte in einem Umfange zum Stelldichein der Ortseinwohner dient, daß der Durchreisende nicht selten darauf verzichten muß, bis zum Büffet vorzudringen. Durch die in Preußen in der Einführung begriffene Absperrung der Bahnsteige wird diesem Uebelstand gründlich abgeholfen, freilich mitunter auf Kosten der Reisenden, denen hier und da die Benutzung der Bahnhofswirthschaften von den überwachenden Beamten unnöthig erschwert wird. Jedes Lobes würdig, nur leider noch viel zu selten, sind die Restaurationswagen, die auf den wenigen Zügen, die damit ausgestattet sind, dem beschäftigten Reisenden eine höchst erwünschte Zeitersparniß, dem Müßigen eine angenehme Zerstreuung, Allen preiswürdige Beköstigung und zugleich die behaglichste Verkürzung der Fahrzeit gewähren.

Bahnhöfe. Auch mit seinen Bahnhöfen kann sich Deutschland neben und vielfach vor anderen Ländern sehen lassen. Ich habe dabei weniger die Monumentalbauten unserer großstädtischen Centralstationen im Auge, deren Luxus manchmal über das richtige Maß hinausgeht, als die Durchschnittsausstattung der mittleren und kleinen Bahnhöfe, die im Großen und Ganzen allen billigen Ansprüchen gerecht wird und die nach dem übereinstimmenden Zeugniß der Amerikareisenden die gradezu dürftige Einrichtung der Empfangsgebäude auf kleineren amerikanischen Stationen weitaus übertrifft. „Die bewundernswerthe Anspruchlosigkeit des amerikanischen Publikums", heißt es in einem amtlichen Bericht über die beim Besuche der Weltausstellung in Chicago gesammelten Wahrnehmungen über das Eisenbahnwesen der Union, „steht in einem auffallenden Gegensatz zu den Ansprüchen, die man in Deutschland an die Einrichtung und den Komfort der Bahnhöfe zu stellen gewohnt ist". Während man sich in Amerika für kleinere Stationen meist mit Holzbauten der einfachsten und bescheidensten Art begnügt, wird der Reisende in Deutschland durch die nette Bauausführung auch der kleineren Bahnhöfe vielfach angenehm überrascht. An vielen Orten ist durch geschickte Verwendung passender Motive, namentlich auch des in der Gegend heimischen Materials, sehr Ansprechendes in der äußeren Erscheinung und in der inneren Einrichtung der Bahnhofsgebäude erreicht worden. In Gelnhausen, in Fulda, in Gandersheim, Goslar und anderen Orten bringt die Bahnhofsarchitektur die Vergangenheit dieser altberühmten Städte durch Anklänge an ihre Denkmäler auch dem flüchtig Vorbeifahrenden in wohlthuende Erinnerung. Auf der Eifelbahn erfreuen die in dem schönen rothen Kyllburger Sandstein ausgeführten Bautheile der Stationsgebäude. Als besonders wohlgelungen verdienen die Bahnhöfe der Ahrthalbahn hervorgehoben zu werden, die sich in der Wahl des Materials wie in der Ausführung der anmuthigen Landschaft wohlthuend anschließen. In Münster ist man in dem Bestreben, mit der Farbenwirkung des Domes zu wetteifern, in der inneren Ausschmückung des sehr stattlichen neuen Bahnhofs eher zu weit gegangen. Dagegen halten Bahnhöfe wie die in Hannover, Straßburg, Magdeburg, Bremen, Mainz, Halle und neuerdings Düsseldorf zwischen der durch den Zweck gebotenen Einfachheit und der bei Städten dieses Ranges erlaubten Gediegenheit der Ausstattung die richtige Mitte ein; sie führen zugleich Denen, welche sich an die Beschaffenheit der früheren Lokale noch erinnern, die Fortschritte vor Augen, die wir in der Behaglichkeit des Eisenbahnreisens gemacht haben. Freilich ist auf diesem Gebiete noch viel zu thun. Zustände, wie sie sich bei einigermaßen starkem Reiseverkehr auf dem oberschlesischen Bahnhofe in Breslau, auf dem bayrischen in Leipzig, am Klosterthor zu Hamburg, auf dem durch den Ostseebäderverkehr so stark belasteten Bahnhof in Stettin herausstellen, verlangen auf das Dringlichste baldige Abhülfe.

Seebäder. Für unsere Seebäder bleibt überhaupt noch Manches zu wünschen übrig. Mit der alleinigen Ausnahme von Colberg (denn Zoppot und Cranz liegen zu weit ab, um für den großen Reiseverkehr mitzuzählen) ist kaum einer der zahlreichen Orte am Ostsee- und am Nordseestrand, in denen alljährlich Tausende und aber Tausende Erholung und Erfrischung suchen, von Berlin aus direkt mit der Eisenbahn zu erreichen; unsere größten und heilkräftigsten Seebäder, Borkum, Norderney, Helgoland, Westerland, Saßnitz, Misdroi liegen auf Inseln und machen ein Uebersteigen aus dem Eisenbahnwagen auf das Dampfschiff nothwendig; mehrere von ihnen, und daneben Göhren, Zinnowitz, das liebliche Müritz, Boltenhagen und andere erfordern noch eine Wagenfahrt, um ans Ziel zu gelangen. Solche Hindernisse sind für eine Familie mit Kindern und dem dazu gehörigen Heerrath an Handgepäck nicht leicht zu nehmen, namentlich wenn man vom Eisenbahnwagen, um auf das Dampfschiff zu kommen, den dazwischen liegenden Erdwall des Deiches auf Treppen erst erklimmen und dann wieder hinabklettern muß. Auch das Umsteigen in Stralsund auf die Dampffähre über den Bodden und drüben aus dem Fährschiff in den Zug auf Rügen muthet durch allerlei Zwischenstufen und Distanzläufe den Besuchern von Saßnitz, Crampas, Lohme, Binz, Göhren und wie alle die reizenden Nester auf unserer schönsten Insel heißen, eine Kraftprobe zu, die bei unfreundlichem Wetter viel Verdruß erzeugt. Als vor einigen Jahren das Badehôtel in

Scheveningen abbrannte und in den Zeitungen die Frage erörtert wurde, ob die Reichsregierung die Ansprüche einiger deutscher Kurgäste auf Entschädigung für ihr verbranntes Gepäck unterstützen werde, wurde darauf hingewiesen, daß es in Deutschland genug vorzügliche Seebäder gebe, und daß Deutsche, welche ihre Erholung trotzdem im Auslande suchten, dies auf eigene Gefahr thun müßten. Der Unterschied ist nur der, daß Seebäder wie Ostende, Scheveningen, Blankenberghe von Berlin aus viel bequemer zu erreichen sind als irgend eins unserer deutschen Nordseebäder; gar nicht zu sprechen von der Leichtigkeit, mit welcher die Küsten der Normandie und Bretagne von Paris, die Bäder am Canal und an der Nordsee von London aus besucht werden können. Es würde nichts schaden, wenn unsere Eisenbahnen sich in diesem Punkte die Einrichtungen im Auslande zum Vorbilde nähmen.

Auch in anderer Hinsicht ist uns das Ausland beim Eisenbahnreisen bisher überlegen, das ist in der ausgedehnten Benutzung von Dampfstraßenbahnen für den Reiseverkehr. Während die Tramways bei uns meist nur im Nahverkehr wie zwischen Kassel und Wilhelmshöhe, Crefeld-Uerdingen und bei den Berliner Grunewaldbahnen die Stelle von Omnibuslinien einnehmen und nur selten, wie zwischen Colmar und Rappoltsweiler, St. Ludwig-Basel 2c. an das Bahnnetz Anschluß haben, kursiren in Italien auf ausgedehnten Strecken Dampfstraßenzüge zu großer Erleichterung des Reiseverkehrs. Mitten aus der Stadt kann man in Florenz mit einer Straßenbahn nach Fiesole, mit einer anderen über den Viale dei Colli durch das Val d'Ema bis in das Chiantiland hinauffahren. Ebenso wird Tivoli von Rom aus auf einer Dampfstraßenbahn besucht. In der gewerbfleißigen Lombardei ist dies Transportmittel in sehr namhaftem Umfange in Ergänzung der Vollbahnen zu Zwischenverbindungen benutzt, die einen beträchtlichen Verkehr vermitteln. Durch das preußische Kleinbahngesetz ist die Anlegung von Schienenverbindungen auf Landstraßen wesentlich erleichtert worden, und es wird nunmehr auch bei uns mit der Einführung dieser nützlichen Institute in rasch steigendem Umfange vorgegangen. Soweit meine Wahrnehmungen reichen, sind die preußischen Kleinbahnen indeß vorzugsweise dem ländlichen Gütertransport zu dienen bestimmt, und sie widmen sich dieser Bestimmung mitunter mit einer Ausschließlichkeit, welche ihre Benutzung für Reisezwecke stark beeinträchtigt.

Mitreisende. In den liebenswürdigen Erzählungen aus der Heimath hat Gustav zu Putlitz sich gelegentlich zu den altmodischen Leuten gezählt, die während der Eisenbahnfahrt auf Unterhaltung mit den Mitreisenden nicht verzichten mögen. Wer seinem Beispiel folgt, setzt sich wohl hier und da bei ungeselligen Coupégenossen einer Abweisung aus, auch ist die Ausbeute nicht immer besonders interessant; allein er fährt im Ganzen doch viel besser als wer sich in seiner Ecke unnahbar verschanzt und durch Eisenbahnlectüre — nebenbei eins der unfehlbarsten Mittel, sich die Augen zu verderben — zu unterhalten sucht. Lesen kann man zu Hause genug, aber Menschen geben sich trotz aller Zurückhaltung und Steifheit, die leider zum Reiseton zu gehören beginnen, unterwegs doch anders als in ihren vier Pfählen; ihr Thun und Treiben, die Art, wie sie auf ein Gespräch eingehen und was dabei zu Tage kommt, bietet immer Stoff zu Beobachtungen und baut nicht selten die Brücke zu einem wirklich vergnüglichen Austausch von Meinungen, Erfahrungen und Anekdoten im besten Sinne des Wortes. Wie oft habe ich unterwegs Leute getroffen, die, wenn sie merkten, daß ihr Gegenpart einer kleinen Plauderei nicht abhold sei, mit den interessantesten Erlebnissen ihrer landwirthschaftlichen, forstlichen, kaufmännischen Praxis herausrückten, oder die von ihrem Ergehen „drüben", in Nord- und Südamerika, in Hongkong und Japan, von Seereisen und Kriegsthaten gut zu erzählen wußten, oder endlich Solche, welche die Eigenart des Ortes, der Gegend, der Provinz durch eine Menge der originellsten Mittheilungen beleuchteten und zugleich durch ihre eigene Person auf das Ergötzlichste zur Darstellung brachten. Wie oft freilich habe ich auch, wenn ich allein fuhr oder mein Geschick mich mit Menschen zusammengebracht hatte, mit denen schlechterdings nichts anzufangen war, die Reisenden der dritten und vierten Klasse beneidet, aus deren stark besetzten Wagen fröhliches Gespräch und Lachen bis in die Langeweile meiner Isolirzelle hinein klang. Und wie man sich beim Erklettern der vierten Klasse einander hilft! Die ungefügen Säcke, Kiepen, Kisten reisender alter

Frauen werden von den starken Händen der Mitreisenden in die schmale Thüröffnung hineinverstaut und drinnen zum Sitzplatz für die Eigenthümerin aufgestapelt. Die angeborene Gutherzigkeit des Deutschen kommt trotz der rauhen Form, in welche diese Hülfe sich manchmal einkleidet, bei diesen kleinen Samariterdiensten glänzend zur Geltung.

Nicht minder seine gute Laune. Die vierte Klasse hat weniger durchgehende Wagen als die anderen, sie findet sich auch nicht in allen Zügen; zum Umsteigen und den sonst mit dem Eisenbahnreisen verbundenen Frictionen gibt sie mehr Anlaß als jene; dazu kann man von außen nicht sehen, ob im Wagen der vierten Klasse noch Platz ist, und die Zahl der Sitzplätze ist, wenn überhaupt vorhanden, eine sehr beschränkte. Kurz, es fehlt wahrlich nicht an Gelegenheit zu Streit, sowohl zwischen den Mitreisenden, als zwischen den Reisenden und dem Bahnpersonal, um so mehr als Reisende dieser Klasse manchmal ein geradezu erstaunliches Mißgeschick in der Wahl falscher Züge, im Reisen nach verkehrter Richtung entwickeln und dadurch mancherlei unliebsame Störung verursachen. Trotz all dieses Zündstoffes sieht man, vielleicht mit Ausnahme heimkehrender Sonntagsvergnügungszüge, auf deutschen Bahnsteigen selten erregte Scenen. Manche gespannte Situation löst sich durch ein derbes Scherzwort, durch eine drollige Gebärde zu heiterer Verständigung; über manchen krakehlslustigen Passagier sieht der Schaffner, über manchen brummigen Beamten der gutlaunige Reisende mit Ruhe hinweg. Ein Aufwand von Stimmmitteln und dramatischen Gesten, wie er auf italienischen und französischen Bahnhöfen aus geringem Anlaß leicht entwickelt wird, kommt in Deutschland selbst bei ernsteren Vorfällen, Betriebsstörungen, Unfällen 2c., nach meinen Wahrnehmungen nur ausnahmsweise vor.

In welchem Maße unser heutiger Reiseverkehr von den Eisenbahnen beherrscht wird, das zeigt sich in vollem Umfang erst, wenn ihr Betrieb eine längere Unterbrechung erfährt. Vielen Lesern wird noch in Erinnerung sein, wie bei dem unerwarteten Ausbruch des französischen Krieges im Juli 1870 urplötzlich alle Eisenbahnbetriebsmittel für den Aufmarsch der deutschen Heere in Anspruch genommen wurden. Welchen Irrfahrten setzte sich noch im August ein Reisender ohne militärische Ermächtigung aus, der seine Familie aus der Sommerfrische heimzuholen auszog, und zu welcher Odyssee gestaltete sich diese Heimkehr selbst! Auch der unerhörte Schneefall, der vom 19. bis 23. December 1886 weite Strecken in Süd- und Mitteldeutschland, namentlich Thüringen, Sachsen, Schlesien und Posen unter einer meterhohen Decke begrub, setzte einen nicht geringen Theil des deutschen Eisenbahnnetzes auf mehrere Tage außer Betrieb und hatte für nicht wenige Reisende, welche Weihnachten daheim zu feiern gedachten, völlig unvorhergesehene Unterbrechungen und langwierige Verzögerungen an ganz unerwarteter Stelle zur Folge. Auch damals ist manche Noth mit gutem Humor ertragen und mit noch besserem Herzen erleichtert worden. Jener thüringische Gutsbesitzer, dem zu Ohren gekommen war, daß auf dem Bahnhofe in Erfurt einige Dutzend Cadetten festsäßen, ohne weiter zu können, und der sich die ganze verklammte Jugend mit Leiterwagen auf seinen Gutshof holte, um sie da bei Punsch und Braten aufthauen zu lassen, hat sich und seinen Gästen sicherlich ein frohes Andenken gestiftet.

Auf Landstraßen. So vorzüglich die Eisenbahn im Stande ist, uns auf weite Entfernungen hin von Ort zu Ort zu versetzen, so versagt sie, wenn es sich darum handelt, naheliegende Plätze und zwar mehrere an einem Tage zu besuchen. Da passen bald die Abgangs- und Ankunftszeiten nicht, bald ist der Aufenthalt am Zwischenorte zu lang oder zu kurz; man muß des Morgens, um den ersten Zug zu benutzen, um vier Uhr aufbrechen, und man gelangt Abends mit dem letzten erst um Mitternacht ins Quartier. Dazu kommen Wege nach weit abliegenden Bahnhöfen, die bei schlechtem Wetter kaum passirbar sind; im Winter müssen sich die mit Frühzügen Ankommenden oft durch fußhohen Schnee mühevoll Bahn treten, um in den in der Morgenstille noch schlummernden Ort zu gelangen. So weit endlich das Schienennetz ausgespannt ist und so sehr seine Maschen sich verdichten, so gibt es doch immer noch Städte in Deutschland, die nicht von ihm erreicht werden; ja es sind sogar noch einzelne, freilich wenige, Landstriche vorhanden, die von den Bahnlinien zwar umschlossen sind, aber noch nicht von ihnen durchquert werden. So die nördlichen Vogesen, in deren Waldthälern von Zabern nördlich bis Bitsch und von Buchsweiler westlich bis Saarunion kein Pfiff einer Locomotive erschallt; der Hunsrück und der Soonwald, wo es zwischen Mosel und Nahe nur schwache Bahnansätze gibt; die Eifel westlich und östlich der Bahn von Köln nach Trier. Auch im Westerwald, im Sauerlande, um den Teutoburger Wald gibt es noch weite Wege, auf denen keine Dampfrosse daher schnauben. Ebenso ist man zwischen den großen Bahnlinien, welche Berlin mit Pommern, Preußen, Posen und Schlesien verbinden, noch für ziemlich weite Entfernungen auf Landstraßen angewiesen, deren Zahl sich namentlich in den östlichen Provinzen Preußens unter der Herrschaft der lex Huene im letzten Jahrzehnt namhaft vermehrt hat, und deren Beschaffenheit nur in seltenen Fällen etwas zu wünschen übrig läßt. Wer auf deutschen Landstraßen von Heidekrug in Ostpreußen bis Thann im Elsaß, von den Klinkerstraßen Ostfrieslands bis zu den Waldchausseen des Fürsten Pleß in Oberschlesien gefahren ist, hat vielmehr alle Ursache, den deutschen Straßenbaumeistern und den fleißigen und nützlichen Männern, welche die ihrer Aufsicht anvertrauten Wege im Sommer wie zur Winterszeit in gutem Stande erhalten, seinen aufrichtigen Dank auszusprechen. In den Vogesen (z. B. die schöne Straße zwischen Blaise-la-Roche im Breuschthale über Raurupt und die Steige hinab ins Weilerthal), im Schwarzwald, in der Rhön, in den schwäbischen, fränkischen, thüringischen, sächsischen und schlesischen Bergen gibt es Kunststraßen, die an Kühnheit der Anlage und guter Erhaltung, sowie auch an landschaftlichen Reizen es mit mancher vielbesuchten Alpenstraße aufnehmen.

Zu Pferde. Fragen wir uns nun, wie heute auf deutschen Landstraßen gereist wird, so ist das Reiten, das noch bis in den Anfang dieses Jahrhunderts die vornehmste Art zu reisen war, nach meinen Wahrnehmungen aus dem Reiseverkehr jetzt so gut wie vollständig verschwunden. Gewiß wird in Deutschland geritten, viel und gut geritten, und man begegnet auch unterwegs nicht selten rüstigen Reitergestalten, sei es in der Reitjoppe des Landwirthes, oder in der kleidsamen Waldtracht unserer Forstbeamten, oder in des Königs Rock, wie Officiere auf der Generalstabsreise und im Dienst der Remonteverwaltung. Aber ihre Ritte sind keine Reisen, sondern dienen Besichtigungs- oder militärischen Uebungszwecken. Auch die weiten Ritte, welche Remonte-Offiziere mit den frisch eingestellten Pferden vom Depotplatz bis zur Garnison zurücklegen, haben doch vor dem Reisezweck in erster Linie charakteristisch-militärische Probeleistungen im Auge. Die Dauerritte endlich, die von ganzen Truppentheilen oder einzelnen Officieren ausgeführt werden, verfolgen ebenso ausschließlich militärische Zwecke, wie den neuerdings so sehr in Aufnahme gekommenen Distanzritten auf weite Entfernungen vorwiegend Interessen des Sports zum Grunde liegen. Zu Pferde gereist, um von Ort zu Ort zu gelangen, so wie in Wilhelm Meister's Lehrjahren die Schwester der Gräfin mit ihrer Begleitung reist, oder wie Daniel Chodowiecki 1773 von

Berlin nach Danzig geritten ist, wird heutzutage in Deutschland nicht mehr.

Im Wagen. Auch Wagenreisen sind seltener und weniger stattlich geworden. Mit dem Vordringen der Eisenbahnen sind die vier- und fünfspännigen Postkutschen, die sonst auf deutschen Gebirgsstraßen nicht minder erfreuliche Reisegelegenheit boten, als ihre eidgenössischen Schwestern noch heute auf Schweizer Alpenpässen, mehr und mehr zurückgedrängt worden. In der Ebene findet sich zu vierspännigem Fahren, vielleicht mit Ausnahme von Ostpreußen, wo es den Stolz der pferdeliebenden Landbevölkerung bildet, nur selten Gelegenheit, so selten, daß die Reichspostverwaltung bei solchen Gelegenheiten ihre Postillone mitunter auf „Vierelangfahren" erst besonders einüben lassen muß. Das war früher nicht nöthig; außer den Viererzügen vor den Personenposten kamen Extraposten mit vier Pferden nicht allzu selten vor; bei Festaufzügen von Gewerken ꝛc. habe ich in jüngeren Jahren noch manchmal sogar „sechselang" fahren sehen. With a coach and six, ist in England noch jetzt landläufige Bezeichnung für standesgemäßes Auftreten. Daß es auch in Deutschland früher dafür gegolten hat, entnehme ich der Aeußerung des Bauern in einem neulich wieder veröffentlichten Colloquium[1]) aus der Mitte

[1]) Ein Neu, Nutzlich- und Lustigs Colloquium von etlichen Reichstagspunkten. Unter dem Titel: Die deutschen Creditverhältnisse und der dreißigjährige Krieg, von Eberhard Gothein, in der bei Duncker & Humblot erscheinenden Sammlung älterer

des 17. Jahrhunderts, worin von einem im Kriege reich gewordenen Officier gesagt wird, daß er „sein Frawen mit sechs Pferdten in der Gutschen führen lassen, da Er zuvor nicht Ein Pferd unn Laggeyen vermögt."

Noch im „Faust" heißt es:

Wenn ich sechs Hengste zahlen kann,
Sind ihre Kräfte nicht die meinen?
Ich renne zu und bin ein rechter Mann,
Als hätt' ich vierundzwanzig Beine.

Jetzt sind sechsspännige Wagen in Deutschland wohl nur noch im Hofceremoniell feierlicher Auffahrten und auch da bei Mitgliedern regierender Familien üblich geblieben.

Mit Vieren hingegen fährt gelegentlich auch noch ein Privatmann, und wenn unsere Four-in-hands auf Berliner Corsofahrten sich mit dem nicht messen können, was man auf Londoner Promenaden zu sehen bekommt, so ist Berlin lange nicht in dem Maße wie London und wie Paris der Sammelpunkt all unseres Reichthums und unserer ganzen Aristokratie. Zwischen den großen Gütern im Osten, auf hannoverschen und mecklenburgischen Landstraßen kann man gelegentlich Viererzügen begegnen, die vor keiner Kritik sich zu verstecken brauchen. An den Viererzug ostpreußischer Schimmel, mit welchem ich vor Jahren von Angerburg nach Lötzen gefahren bin, erinnere ich mich noch heute mit vielem Vergnügen.

Aber das sind Ausnahmen; für gewöhnlich er=

---

und neuerer staatswissenschaftlicher Schriften des In= und Auslandes als drittes Heft (1893) herausgegeben.

scheint das Lohnfuhrwerk, auf das der Wagenreisende sich angewiesen sieht, beträchtlich weniger verlockend. Bei dem vorzüglichen Pferdematerial, das in fast allen Theilen Deutschlands verbreitet ist, kann man indessen, wenn nicht besondere Hindernisse entgegenstehen, und wenn man den Leuten durch Vorausbestellung einigermaßen freie Hand läßt, auch an ziemlich abgelegenen Plätzen mit Sicherheit auf tüchtige Pferde rechnen. Und wenn man es erst durchgesetzt hat, nicht in eine jener verruchten alten Glaskutschen mit festem Verdeck eingesperrt zu werden, die für Leichenfeierlichkeiten, Trauungen u. dgl. in jeder Provinzialremise ein beschauliches Stilleben führen, sondern einen offenen Jagdwagen gestellt zu erhalten, dann hat man selten oder fast nie Grund, mit seinem Loose unzufrieden zu sein. Meistens halten solche Fuhrwerke mehr, als sie versprechen. Auf Hunderten von Wagenfahrten ist es mir trotz Wind, Wetter, hereinbrechender Nacht &c. sehr selten widerfahren, daß das Reiseziel später erreicht wurde, als bei der Abfahrt versichert worden war. Wohl aber bin ich, trotz ausdrücklichen Verbotes allzu schneller Fahrt, hier und da in überraschend kurzer Frist befördert worden. Von Pillkallen nach Gumbinnen (31,2 km) bin ich im Herbst 1889 in 1 Stunde 55 Minuten gefahren, ohne daß der Kutscher nur mit der Peitsche gezuckt hätte. Dagegen war's einige Tage vorher einem trefflichen Gespann nicht möglich gewesen, auf dem Wege von Goldap nach Gumbinnen einen littauischen Bauern zu überholen, der eine ganze Strecke dicht vor unserem Wagen fuhr und uns seinen Staub zu kosten gab. Sein magerer kleiner Gaul setzte sich, sowie man ihm nahe kam, in einen so wüthigen Galopp, daß unsere Braunen ihn als Ersten passiren lassen mußten.

Im leichten offenen Wagen, mit flinken Pferden, einen ortskundigen Begleiter zur Seite oder, wenn allein, neben dem Kutscher über Land zu fahren, ist nicht nur ein Vergnügen, sondern gewährt eine Anschauung von Land und Leuten, wie sie bei Eisenbahnfahrten nicht annähernd zu erlangen ist. Zwar hat uns Adolf Menzel's Meisterhand in dem geistreichen Gouachebildchen, das vor einigen Jahren in einer Berliner Kunsthandlung ausgestellt war, die verschiedenen Empfindungen vergegenwärtigt, die sich auf den Gesichtern und in der Haltung der Insassen eines Eisenbahncoupés bei der Fahrt durch eine schöne Gegend abspiegeln. Aber dieser Genuß ist kein ungetrübter. An der schönsten Stelle kommt ein Einschnitt oder gar ein unbarmherziger Tunnel, und wenn wir wieder auftauchen zum himmlischen Licht, dann ist das Landschaftsbild, das uns fesselte, verschwunden. Oder der Rauch weht so dicht vor den Fenstern, daß Bädeker's: „Rechts sitzen!" nichts hilft. Oder die Fenster sind so dick gefroren, daß man überhaupt nicht hinaussehen kann. Aus einem offenen Wagen kann man immer um sich schauen und zwar nach allen Seiten; man kann bei einigem Ortssinn das Land so zu sagen von der Karte ablesen und sich einen völlig zutreffenden Eindruck über Bodenform, Flußläufe, Erhebungen, Waldbedeckung, Vertheilung der Ortschaften und allgemeinen Kulturstand bilden. Man nimmt die Art des Anbaues, die Größe der Schläge und Güter wahr; der Saatenstand, die Ernteaussichten, die Viehrassen bieten unausgesetzt Objecte der Beobachtung und der Unterhaltung. Fuhrwerke, die entgegenkommen oder überholt werden, Wanderer, die Leute auf den Feldern, Wiesen und Weiden, der Baum- und Pflanzenwuchs in seiner Abhängigkeit von der Bodenbeschaffenheit, das Straßennetz, die Bauart, Volkszahl, Wohlhabenheit der Dörfer — ich habe nie begriffen, wie Einem eine Wagenfahrt zu lang werden kann. Und dabei habe ich ihren Hauptreiz noch gar nicht erwähnt, nämlich die beständige völlig freie Anschauung des Himmels, seiner Gestirne und Wolkengebilde und den durch sie bedingten Wechsel der Witterung. Bei früher Ausfahrt das holde Morgenlicht, das Aufgehen der Sonne, die Aussichten für den Tag. Bei zweifelhaftem Wetter das Ausschauen nach dem blauen Fleckchen am Himmel, das, wenn es um neun Uhr Morgens sichtbar ist, als eine der sichersten Prognosen guten Wetters fröhlich begrüßt wird. Der kommende Regen oder Schneefall wird in Erwartung baldigen Vorübergehens hingenommen, das Aufschlagen des Verdeckes glücklich abgewehrt. Inzwischen ist eine oder die andere Station erreicht, die Geschäfte werden frisch in die Hand genommen; dabei wird man am schnellsten wieder trocken, und reicht das nicht aus, so hilft nach Hahnemann's System eine passende innere Anfeuchtung im Gasthause die äußerliche vertreiben. Nun ist das verheißene gute Wetter da, und nun geht's von Neuem über Thäler und Höhen, bis die Sterne aufzublinken anfangen, der Mond die letzten Wolkenreste vertreibt und sein freundliches Licht den Weg zur wohlverdienten Abendrast und zur Nachtruhe weist.

Solche Fahrten hinterlassen nicht nur die lebendigsten und lehrreichsten Erinnerungen, sondern auch eine körperliche Anregung und Erfrischung allerersten Ranges. Das kräftige Luftbad, das den ganzen Menschen umspült, vertreibt die Grillen, weckt die gute Laune, den Hunger, den Durst und bewirkt eine gesunde Abhärtung, vermöge deren man gegen die Wechselfälle der Witterung bald ziemlich unempfindlich wird, ja wirkliche Unbilden, wie andauernden Regen oder, was für Viele noch unerwünschter, heftigen Wind mit vollem Gleichmuth und ohne nachtheilige Folgen aushalten lernt. Wer sich daran gewöhnt hat, bei jedem Wind und jedem Wetter im offenen Wagen zu fahren, wird schwerlich eine Kissinger Brunnenkur nöthig haben. Ganz besonders angenehm machen sich diese wohlthätigen Wirkungen der freien Luft bei Winterreisen bemerklich. Bei fester Kälte und klarem Sonnenschein 'einige Tage im Schlitten über Land fahren, aus dem Treiben der Großstadt, aus der gas- und kohlendunstigen Zimmerluft in die feierliche Stille und den reinen' Hauch schneebehangener Wälder versetzt zu werden, das erfrischt und stählt die Nerven wie Nordseewellen und verschafft ein Kapital von Wohlbehagen, von dem man lange zehren kann. Die Engländer, die von allen Nationen den größten Werth auf Körper- und Gesundheitspflege legen, wissen sehr wohl, warum sie den größten Theil des Winters für Landaufenthalt oder Besuche auf dem Lande frei halten und mit dem geselligen Treiben der season erst im Februar oder März beginnen.

In England hat man auch dem Zeitalter der Wagenreisen ein treueres und werkthätigeres Andenken bewahrt, als bei uns. Wer das Vergnügen genossen, auf dem Deckplatz einer stolzen Flying Mail Coach — zwanzig deutsche Meilen in zwölf Stunden! — über die schottischen Heiden von Perm nach Inverneß zu fliegen, wer die Popularität vor Augen gehabt hat, deren diese wunderbaren Fuhrwerke und ihre würdigen Lenker (man denke nur an Sam Weller sen. in den „Pickwickiern"!) sich in ganz Großbritannien erfreuten; der wird es begreiflich finden, daß das Zeitalter der Landkutschen in England nicht nur literarisch gefeiert[1]) wird, sondern durch die Liebhaberei vornehmer Freunde des Fahrsports eine Auferstehung erlebt. In dem vom Präsidenten des Four-in-hand-Driving-Club und des 1870 neu errichteten Coaching-Club, dem Herzog von Beaufort, herausgegebenen Handbuch der Fahrkunst[2]) ist ein Abschnitt mit der

[1]) Stanley Harris, Old Coaching Days. 1882. Derselbe, The Coaching Age. 1885. Beide Werke sind von John Sturgeß illustrirt. Ferner das Prachtwerk von W. Outram Tristram, Coaching Days and Coaching Ways. 1888, mit Illustrationen von H. Raylton und Hugh Thomson.

[2]) Driving (als elfter Band der Radmington Library of Sports and Pastimes). 1889.

Ueberschrift „the coaching revival“ ausschließlich den Landkutschen gewidmet, welche unter dem Patronat von Clubmitgliedern auf frequenten Straßen, wie z. B. nach Brighton, nach Dover, Tunebridge Wells und anderen mit Eisenbahnen um die Wette fahren und in den lange verödeten Inns der Landkutschenzeit von Neuem Rossegewieher und Peitschenknall ertönen lassen. In seinen „Strange adventures of a phaeton“ hat William Black uns die Ferienreise einer englischen Familie im eigenen Wagen quer durch England und Schottland mit allen Abenteuern der Landstraße ebenso anmuthig als ergötzlich geschildert. In den Kreisen des deutschen Sports hat das Wagenlenken Aufnahme gefunden und bildet als Traberwettfahrt eine ständig wiederkehrende Nummer der Rennprogramme. Aber von längeren Reisen im eigenen Wagen hört man bei uns, mit einer gleich zu erwähnenden Ausnahme, kaum reden.

Dafür gehört die Aera der Landkutschen oder was in Deutschland dasselbe sagen will, der Personenposten, bei uns noch lange nicht in dem Maße der Vergangenheit an, wie die nur durch Sportliebhaberei zu neuem Leben erweckten englischen Landwagenfahrten. In Deutschland sind nach der letzten vorliegenden Statistik im Jahre 1894 noch 3 211 521 Personen mit der Post gereist; es waren 1775 Posthaltereien mit 13 058 Postpferden vorhanden, und die flotte Gestalt des bayrischen Postillons mit der hellblauen Schoßjacke und den weißledernen Reithosen, sowie die schmucke Erscheinung des Reichspostillons mit Waffenrock und Rundhut ist noch keineswegs von den Straßen verschwunden; ja, im Reichspostgebiet ist ihre Zahl, die im Jahre 1894 sich doch noch auf 4378 belief, seit mehreren Jahren wieder im Wachsen begriffen. Scheffel's letzter Postillon war daher eine Anwandlung von Pessimismus, dessen der Dichter des „Gaudeamus" und der „Frau Aventiure" sich nicht oft schuldig gemacht hat.

Ueberraschend häufig trifft man auf unseren Landstraßen jene scheinbar unförmlichen, in Wirklichkeit aber äußerst zweckmäßig eingerichteten Fuhrwerke an, welche fahrenden Leuten zugleich als Obdach und als Reisemittel dienen. Das wandernde Caroussel, die Menagerie auf Rädern, das ambulante Wachsfigurenkabinet oder Panopticum, Kunstreiter, Seiltänzer, Taschenspieler: hoc genus omne zieht in Wagen, deren einer den Haushalt, der andere die Schaustücke oder sonstigen Kunstgeräthe der Gesellschaft in sich birgt, in langsamer aber sicherer Gangart von einem Jahrmarkt, Schützenfest, einer Vogelwiese, Kirchweih 2c. zur anderen, und befriedigt durch Vorstellungen an den Uebernachtungsorten gern gegen ein Billiges auch die Schaulust der Dorfbewohner. Früher fehlte unter dieser Wagenburg, die man an größeren Festplätzen in ganzen Reihen aufgefahren sieht, selten der Thespiskarren einer wandernden Schauspielertruppe, freilich in der Regel der am wenigsten stattliche, aber von der unverwöhnten Kleinstadtjugend mit einem vorahnenden Entzücken erwartet, das uns Charlotte Niese in ihrem allerliebsten Buche „Aus dänischer Zeit“ (Leipzig 1892) auf das Lebendigste geschildert hat. Jetzt gibt's entweder keine „Schmieren“ mehr, oder sie reisen mit der Eisenbahn billiger als zu Wagen.

Zu Fuß. Für Fußreisen ist Deutschland wie wenig andere Länder geeignet durch seinen großen Reichthum an überall zugänglichen Wäldern, durch die Zahl und Mannichfaltigkeit seiner Mittelgebirge, die Verschiedenartigkeit seiner Flußthäler und den Reichthum an anziehenden, sehenswerthen Städten, endlich durch die Vorzüge seines weder zu heißen noch allzu rauhen Himmelstriches, der dem Wandern zu keiner Jahreszeit unüberwindliche Hemmnisse bereitet. Darum ist Deutschland zu allen Zeiten tapfer durchwandert worden, von den fahrenden Schülern des Mittelalters an, deren kecke Lieder durch Scheffel von Neuem sanggerecht geworden sind, bis auf den heutigen Tag, wo Gesang- und Turnvereine ihre frischen Stimmen wenigstens auf Tagesmärschen über Land gern erschallen lassen. Freilich so weit wie früher wird heut nicht gewandert. Selbst muthige Fußreisende scheuen vor einigen Meilen Landstraße zurück, wenn sie die Bahn benutzen können. Das Fußreisen als Selbstzweck beschränkt sich, wenn es nicht Berufspflicht ist, auf die sogenannten schönen Gegenden. Jetzt ist es eine Seltenheit, daß ein Heidelberger, Bonner oder Tübinger Student die Pfalz und den Odenwald, das Markgräfler Land und Schwaben zu Fuß bereist, um Land und Leute kennen zu lernen, was uns Alten viel Freude und manchen Nutzen eingetragen hat. Wer gar mit dem Ränzel auf dem Rücken von der rheinischen Hochschule quer durch Deutschland nach der märkischen oder sächsischen Heimath wandern wollte, um auf zehn- oder vierzehntägigem Marsche die Wanderfreuden und -Leiden einmal gründlich kennen zu lernen, der würde schon als Sonderling gelten.

Auch die löbliche Einrichtung der Vetternreisen ist, wenn mich meine Wahrnehmungen nicht täuschen, mehr abgekommen als recht ist. Es war keine üble Sitte, daß der heranwachsende Schüler, der Student, in den Ferien sich auf die Wanderschaft begab, um die lieben Verwandten, Gutsbesitzer, Prediger, Oberförster, würdige Rathsherren kleiner Städte &c. der Reihe nach heimzusuchen. Mit deutscher Gastlichkeit gern aufgenommen, aber nach Sitte der Zeit schlicht beköstigt und oft noch einfacher gebettet, lernte manch verwöhntes Muttersöhnchen am fremden Herd den Werth des eigenen schätzen, manch armer Musensohn hingegen labte sich an dem Ueberfluß des wohlhabenden Pfarr- und Forsthauses wie an Fleischtöpfen Aegyptens und ward von der gütigen Tante ordentlich herausgefüttert. Nach Tisch ward der Ankömmling dann vom Hausherrn ins Gebet genommen und auf den Grad seiner Erziehung, die Schwere seines Schulsackes, die Grünheit seiner Lebensanschauungen, die Erlebnisse auf Schule oder Universität einem Examen unterzogen, je nach dessen Ausfall die Aufforderung zu längerem Verweilen mehr oder minder dringend zu sein pflegte. Sagte man sich gegenseitig zu, so war man bald wie Kind im Hause, und der frischen Jugend war jeder Uebermuth erlaubt. Dann ward man auch zu den Gutsnachbarn mitgenommen und sah in manche Verhältnisse hinein, von denen sich die Schulweisheit nichts träumen läßt; man hatte allenthalben Rede zu stehen, sich mit oft sehr knorrigen Persönlichkeiten abzufinden, und kam bei einiger Aufmerksamkeit und Betrachtungslust meist um ein gut Stück gereifter und erfahrener wieder nach Haus.

Jetzt drängt es auch den Wanderlustigen immer gleich ins Weite. Die Alpen, die wir Aelteren erst als Männer kennen gelernt haben, sind unserer Jugend gerade recht. Nach dem Kursbuch wird der Rundreiseplan zusammengestellt, bis Kufstein oder Jenbach mit der Bahn gefahren, und dann geht's auf die Tiroler Bergspitzen los, daß die Schuhnägel fliegen. Ich weiß den Reiz einer Alpenwanderung wohl zu würdigen! habe selbst eine leidliche Zahl davon hinter, hoffentlich auch noch manche vor mir. Aber Deutschland lernt man in den Oesterreichischen und Schweizer Alpen doch nur wenig kennen, und so lieblich die Allgäuer Berge und der bayrische Seekranz vom Ammer- bis zum Königssee auch sind, so gewähren sie von deutschem Volksthum und Wesen nur eine einseitige Anschauung. Dazu kommt, daß Hochalpentouren leicht zu einem Sport werden, der die Ziele vorwiegend nach dem mit ihrer Erreichung verbundenen Aufwand an Kraft, Uebung und Geschicklichkeit wählt und damit zu einer Ueberschätzung des rein körperlichen Elements führt, vor dem die geistigen Reiseinteressen zurücktreten. Darum bin ich, bei aller Hochachtung vor den Verdiensten des Deutschen und Oesterreichischen Alpenvereins, doch der Meinung, daß unsere Jugend über den durch die Thätigkeit des Vereins so erleichterten Alpenwanderungen näherliegende Ziele ihrer Wanderlust nicht vernachlässigen sollte.

Zu den Verdiensten des Deutschen und Oesterreichischen Alpenvereins zähle ich ganz besonders, daß nach seinem Vorbilde auch in den deutschen Mittelgebirgen sich Vereine organisirt haben, welche sich die löbliche Aufgabe stellen, den Besuch ihrer heimischen Berge durch Wegeanlagen und Wegweiser, durch Aussichtsthürme und Unterkunftshäuser zu fördern und zu mehren. Der Vogesenclub, der Schwarzwälder und der Odenwälder, der Sauerländische, Thüringische, Rhön-, Erz- und Riesengebirgsverein, sie und alle die anderen Verbände naturfreundlicher Männer tragen wacker dazu bei, den schönen Brauch des Fußreisens in Deutschland in frischer Uebung zu erhalten und in weite Kreise der Bevölkerung hineinzutragen.

Daß auch der deutschen Tiefebene bei einiger Ausdauer und Lust zur Sache erstrebenswerthe Ziele für Wanderlustige abzugewinnen sind, das haben für die als des heiligen Römischen Reiches Streusandbüchse so arg verschrieene Mark Theodor Fontane's Wanderungen durch die Mark Brandenburg auf das Glänzendste dargethan. Wie viel Tausende durch diese trefflichen Schilderungen jahraus jahrein angeregt werden, ihre Heimathskunde durch fröhliche Wanderfahrten zu erweitern und zu vertiefen, ist schwer zu schätzen. Ihren wohlthuenden Einfluß empfindet man weit über die Grenzen der Mark hinaus. Auf Th. Fontane's Spuren wandert jetzt manch Einer durch Gegenden, die bis vor wenig Jahren nur naserümpfend genannt zu werden pflegten. Den Heidefahrten, die ein Kenner der Lüneburger Heide bereits in drei hübschen Bändchen veröffentlicht hat,[1]) ist zu entnehmen, daß die stillen Reize dieses lange Zeit hindurch schlimm verrufenen Gebiets auf eine immer größere Gemeinde von Freunden und Fußwanderern Anziehungskraft ausüben.

Zu den ausdauerndsten Wanderern im Gebirge wie in der Ebene gehören die überall anzutreffenden und überall gern gesehenen Landbriefträger, die auf ihren täglichen Bestellgängen jedes Dorf, jeden Weiler, ja jede Niederlassung im Deutschen Reiche zu berühren haben. Rüstigen Schrittes sieht man diese Unermüdlichen zu jeder Jahreszeit und bei jeder Witterung ihren Weg zurücklegen, nicht selten unter Ueberwindung von Schwierigkeiten, von denen sich der sommerliche Vergnügungsreisende kaum eine zutreffende Vorstellung machen kann. Denn ganz anders als im Sommer wandert sich's über Berg und Thal, wenn fußhoher Schnee alle Pfade verschwinden läßt, alle Gräben in unerkennbare Fallen verwandelt, und wenn der Wind auch auf der Ebene Schneewächten zusammenweht, durch die der Bote sich bis über die Hüften hindurch-

---

[1]) August Freudenthal, Heidefahrten, für Freunde der Heide geschildert. Verlag von M. Heinsius Nachfolger in Bremen.

zuarbeiten hat. Oder wenn in den Niederungen das Thauwetter beginnt und jeder Schritt auf Feldwegen und über Aecker den Stiefel mit etlichen Pfunden des anhänglichsten Lehmbodens belastet. Oder wenn strenger Frost, Schneegestöber und einbrechende Dunkelheit den Ausblick erschweren und ein Schritt vom Wege den Ermüdeten leicht zu gefährlicher Rast verlockt, aus der es mitunter kein Erwachen gibt.

Die Marschleistung der Landbriefträger ist aber nicht nur in quali, sondern auch in quanto ein namhaftes Stück Arbeit. Denn obwohl auf den Einzelnen durchschnittlich nicht mehr als 21,6 Kilometer an täglicher Wegstrecke kommen, so legten die im Landpostdienst zu Fuß beschäftigten 24 342 Männer innerhalb des Reichspostgebietes im Jahre 1892 doch eine Gesammtstrecke von 176 912 956 Kilometer zurück. Gewiß eine stattliche Summe, deren Aufbringung manchen Schweißtropfen kostet, und deren pünktliche Verrichtung das Wohlwollen durchaus rechtfertigt, das den wackeren Boten von der Landbevölkerung in reichem Maße erwiesen wird. Leider nur nicht immer auf die richtige Weise. Denn wer seinem Landbriefträger im Winter ein Gläschen Schnaps zur Erwärmung aufnöthigt, pflegt nicht zu bedenken, in wie vielen Häusern sich dieser freundliche Gedanke wiederholen und was für ein Schaden dem Manne dadurch zugefügt werden kann. Bitten und Belehrungen haben vielfach die erwünschte Folge gehabt, daß der Schnaps durch eine Tasse Kaffee ersetzt wird, die den gleichen Zweck ohne nachtheilige Wirkung erfüllt.

Uebrigens wäre es ein Irrthum, sich den Beruf des Landbriefträgers als einen ganz besonders schweren und strapaziösen vorzustellen. Der Marsch nimmt die Kraft eines rüstigen Mannes nur in Ausnahmefällen, die nicht häufig sind, voll in Anspruch. In der Regel bleibt den Leuten nach der Rückkehr Zeit zur Bestellung ihres Ackerstückes, Rebgartens oder sonstigen Besitzthums. Nachtdienst wird gar nicht geleistet, und die andauernde Bewegung im Freien ist der Gesundheit zuträglicher als ständige Arbeit in geschlossenen Räumen. Auch erwerben die Landbriefträger nach mehrjährigem Landdienst den Anspruch auf inneren Dienst. Aber der Fall ist gar nicht selten, daß sie vorziehen, in dem ihnen liebgewordenen Amte zu bleiben. Das fünfzigjährige Jubiläum eines Landbriefträgers ist vor einigen Jahren zu Erntebrück im Siegener Lande unter lebhafter Theilnahme der Bevölkerung, die dem wackeren Veteranen alles nur Mögliche anzuthun sich bemühte, feierlich begangen worden.

Radfahrer. Ob die Radfahrer zu den Reitern, Fahrern oder Fußgängern zu zählen sind, mag zweifelhaft scheinen. Eigentlich wohl zu allen Dreien; denn vermöge ihres Sitzes reiten sie, mit den Rädern fahren sie, und ihre Fußbewegung kommt der eines Fußgängers gleich. Auf alle Fälle gehören sie zu den Reisenden, denen man auf Landstraßen der Ebene wie des Gebirgs in rasch angewachsener Zahl begegnet, und die daher bei Erörterung der Frage, wie heutzutage gereist wird, nicht außer Betracht bleiben dürfen. Ursprünglich eine Erfindung des badischen Forstmeisters von Drais (daher die anfängliche Bezeichnung Draisine), hat das Fahrrad mit den Verbesserungen, welche ihm in den siebziger Jahren zu Theil geworden sind, innerhalb der letzten Jahrzehnte sich mit erstaunlicher Schnelligkeit überall verbreitet; es hat in den internationalen Sport Eingang gefunden und bildet in seinen verschiedenen Spielarten, als Hoch- und Niederrad, Zwei- und Dreirad, ein Instrument, dessen sich in Deutschland viele Tausende in ausgedehntem Umfange zur Fortbewegung bedienen. Der Deutsche Radfahrerbund zählt etwa 15—16000 Mitglieder, und da neben dem Bund noch mancherlei selbständige Gruppen und zahlreiche Einzelpersonen vorhanden sind, welche die Kunst des Radfahrens, sei es zum Vergnügen oder zu Berufszwecken, auf eigene Faust betreiben, so bleibt diese Ziffer hinter der Gesammtzahl der deutschen Stahlroßreiter wahrscheinlich nicht unerheblich zurück.

Was beim Radfahren Sport, also Uebung körperlicher Geschicklichkeit um ihrer selbst willen, und was Reiselust ist, läßt sich nicht leicht abgrenzen. Nach der Bedeutung zu urtheilen, welche in Radfahrerkreisen den Wettkämpfen, unterwegs oder in öffentlichen Schaustellungen, beigelegt wird, und die in Preisaustheilungen, Meisterschaftsdiplomen, Medaillen u. dgl. mehr ihren bezeichnenden Ausdruck findet, scheint das Sportelement zu überwiegen. Allein es erschöpft die Sache nicht und tritt in manchen Beziehungen hinter praktischen Zwecken des täglichen

Verkehrs anscheinend in steigendem Maße zurück. Die Meinung der Radfahrer von der Rolle, die dem Stahlrade im Reiseverkehr zukommt, ist keine geringe und durch den überraschenden Erfolg der bekannten Distanzwettfahrt von Wien nach Berlin, welche von dem behendesten Radkünstler in 31 Stunden geleistet wurde, während einige Monate vorher bei dem Distanzritt deutscher Officiere der Record des ersten Siegers 69 Stunden betrug, noch ungemein gehoben worden. Jeder, der sich viel auf deutschen Landstraßen bewegt, kann auf zahlreiche Begegnungen mit Radfahrern und zwar in den besuchtesten wie in den abgelegensten Theilen Deutschlands, mit Sicherheit rechnen. In hinterpommerschen und schlesischen Gasthöfen ist häufig den einkehrenden Radfahrern ein eigenes Zimmer vorbehalten; das Bundeszeichen trifft man allerwärts (sogar in Helgoland, wohin indessen, wie mir zu meiner Beruhigung versichert wurde, die Ritter vom Rade gleich anderen Sterblichen zu Schiff gelangen), und ebenso oft liest man an Schaufenstern landstädtischer Handwerker das Anerbieten zur Ausbesserung der unterwegs bekanntlich mannichfachen Beschädigungen ausgesetzten Stahlrosse. Auf der Landstraße bildet die Silhouette des vornübergebeugt eilig dahinfüßelnden Schnellfahrers, dessen plötzlich neben dem Wagen erklingendes scharfes Glockenzeichen oder aufblitzender Laternenschein schon manches Pferd scheu und manchen Kutscher zornig gemacht hat, eine ebenso bekannte Figur, wie die trübselige Gestalt des Abgesessenen, der sein beschädigtes Rad vor sich herstößt.

Liegt die Stärke des Fahrrads gegenüber dem Wagen und dem Pferd in seiner Billigkeit und Bedürfnißlosigkeit, sowie in nicht geringem Maße in der Schnelligkeit der Fortbewegung (geübte Radfahrer legen mit Leichtigkeit 20 km in der Stunde zurück), so tritt seine Schwäche darin zu Tage, daß es in höherem Maße als andere Transportmittel von der Beschaffenheit der Straße abhängig ist. Diese Abhängigkeit ist eine sehr weitgehende und legt der Verwendung des Fahrrades für dauernde praktische Zwecke bis jetzt erhebliche Beschränkungen auf. Der Radfahrer ist vorwiegend an Straßen mit gleichmäßiger Bedeckung gebunden, er kann die Chaussee fast gar nicht verlassen und ist auch auf der Kunststraße in hohem Maße durch ihren jeweiligen Zustand in der Schnelligkeit seiner Gangart bedingt. Die Karten, welche für den Radfahrergebrauch besonders herausgegeben werden, legen ebensoviel Gewicht auf die Angabe der Straßenbeschaffenheit, wie auf die Bezeichnung der Entfernungen. Auf sandigen Landstraßen, auf Vicinalwegen mit ungleicher Bedeckung, ländlichen Verbindungswegen kommt das Fahrrad in der Regel überhaupt nicht fort. Aber auch auf guten Kunststraßen nöthigen Steigungen, die man zu Pferde oder zu Wagen ohne Schwierigkeit überwindet, den Radfahrer zum Absitzen; das Gleiche tritt bei erheblicher Nässe, bei Schmutz und kräftigem Schneefall ein. Bei den Proben, welche vor einigen Jahren mit der Verwendung von Fahrrädern im Landpostdienst angestellt wurden, ergab es sich, daß die Räder durchschnittlich von 408 Tagen nur an 244 Tagen hatten benutzt werden können. An 164 Tagen mußten sie theils wegen ungünstiger Witterung und in deren Folge eingetretener schlechten Beschaffenheit der Straße, theils wegen Ausbesserungen unbenutzt bleiben. Für einen Dienst, der wegen der zu erreichenden Anschlüsse auf gleichmäßige Bemessung der Beförderungszeiten nicht verzichten kann, ist ein Vehikel, welches so oft versagt, nicht geeignet. Wer nach Belieben von ihm Gebrauch machen kann, ohne daß Nachtheile entstehen, wenn er darauf verzichten muß, für den ist das Fahrrad auch schon in seiner jetzigen Beschaffenheit ein recht nützliches Beförderungsmittel, das in der Landpraxis von Aerzten, Gerichtsvollziehern, Feldmessern vielfach gute Dienste leistet. In der Schweiz bin ich schon vor etlichen Jahren einem Pfarrer begegnet, der sich mittels Zweirades zur Sonntagspredigt nach seinem Filialdorf begab.

Bootsfahrten. Das Segel- oder Ruderboot wird an der Seeküste wie auf den Binnengewässern Deutschlands an vielen Orten mit Ausdauer und Geschicklichkeit gehandhabt; Wettsegeln und Wettrudern ist auch bei uns ein in weiten Kreisen geübter und beliebter Sport, wenngleich er nicht die geradezu nationale Bedeutung erlangt hat, welche in England, dem klassischen Land aller körperlichen Uebungen, den Wettruderfahrten der Universitäten Oxford und Cambridge oder dem Wettsegeln des Yachtclubs in Cowes beigemessen wird. Ob aber das Ruderboot oder die Yacht in dem Umfange, in welchem dies in England geschieht, in Deutschland zu Reisen benutzt wird, ist mir zweifelhaft. Ausflüge auf den Binnenwasserstraßen und an der Seeküste werden gewiß auch von deutschen Freunden des Segelsports unternommen; auch hört man gelegentlich von Ruderfahrten sprechen, die deutsche Ruderer beträchtliche Strecken der Elbe, der Weser, der Donau hinabgeführt haben. Aber es ist mir nicht bekannt ob in Deutschland im Canoe oder im Segelboot von Deutschen mit der wochen- und monatelangen Ausdauer gereist wird, wie dies von Amerikanern und Engländern mehrfach geschehen ist. Die vorliegenden Beschreibungen[1]) stellen außer Zweifel, daß sowohl unsere Flüsse als auch die ausgedehnte Seeplatte der norddeutschen Tiefebene sich zu längeren Bootsreisen eignen. Liebhabern von Wasserfahrten, die an Zeit und Geldmitteln keinen Mangel leiden, wird dadurch ein bisher nur wenigen bekanntes Vergnügen verheißen. — Auf dem großen Kommers der Wassersport-Vereine, der im Januar 1896 die stattliche Zahl von 1800 Freunden des Schwimm-, Ruder- und Segelsports in dem mit Flaggen und Wimpeln geschmückten Saal der Philharmonie in Berlin vereinigte, hat der

[1]) Poultney Bigelow, From the Black Forest to the Black Sea. In Harper's New Monthly Magazine. 1892. Auch als Buch unter dem Titel: Paddles and Politics on the Danube. — H. M. Doughty, Our Wherry in Wendish Lands': from Friesland through the Mecklenburg lakes to Bohemia. Illustrated by his daughters. London, Jarrold and Sons.

Geh. Rath Otzen ein Bild der überraschend großartigen Entwickelung gegeben, welche das Rudern und das Segeln während der letzten 25 Jahre in Deutschland, insbesondere aber in der Reichshauptstadt, erfahren haben. Nach seinen Angaben ist die Zahl der Deutschen, welche in Rudersport Stählung und Stärkung suchen, mit 10000 gering angenommen; auf Berlin allein entfallen 35 Rudervereine mit etwa 2500 Mitgliedern. Außerdem besitzt Berlin 13 Seglervereine mit 700 Mitgliedern und 200 Yachten, unter denen 40 seegehend, die Fluten der Ostsee zu durchfurchen geeignet und geübt sind.

Luftschiffahrt. Die Luftschiffahrt läßt sich trotz der Anstrengungen, mit welchen man auch in Deutschland um ihre Vervollkommnung bemüht ist, zu den Reisegelegenheiten noch immer nicht rechnen. Die Ballonfahrten, die von gewerbsmäßigen Aeronauten als Schaustellung oder die zu militärischen Uebungszwecken nicht eben selten unternommen werden, leiden an zwei bisher unüberwindlichen Mängeln: man weiß wohl, wann und wo man aufsteigt, aber nicht, wo und wie man wieder aufs Land kommt. Ein Fahrzeug, das dahin führt, wohin der Wind weht, und das man nicht ohne Gefahr verlassen kann, verdient in einer Uebersicht der Reisemittel zur Zeit noch keinen Platz. Aber wer immer Gelegenheit hat, eine Ballonfahrt, und sei es auch nur im Fesselballon, mitzumachen, der sollte sie nicht versäumen. Denn kaum läßt sich ein anderes Reisevergnügen mit der wonnigen Empfindung vergleichen, welche durch das

Zurückweichen der Erde, durch die sanft anschwellende Erweiterung des Horizonts, durch den freien Ueberblick über die Reliefkarte der Stadt, der Dörfer, der Flußläufe, der Höhen hervorgerufen wird. Im Fesselballon, von dem allein ich aus eigener Erfahrung zu reden vermag, ist die Bewegung eine so unmerkliche und jede Anwandlung von Schwindel so völlig ausgeschlossen, daß man die Reisenden der Zukunft, wenn es ihr gelingt, dem Luftschiff die vorhin bezeichneten Unarten abzugewöhnen, um seine Benutzung nur offen beneiden kann.

Deutsche Gasthöfe. Wie immer man aber auch gereist sein möge, mit Dampf oder zu Wagen, zu Fuß oder im Boot —, schließlich ist doch die Frage berechtigt, mit welcher der Kellermeister in Lortzing's Undine den Reisebericht des Knappen so oft unterbricht: Seid ihr denn nicht eingekehrt? So mögen denn auch einige Bemerkungen über deutsche Gasthöfe hier eine Stelle finden.

Als ich vor langen Jahren zu reisen anfing, gab mir ein Erfahrener den Rath, bei der Auswahl unter Gasthöfen die „Viecher" vorzuziehen. Nun habe ich bei manchen rothen Ochsen, Grauen und Schwarzen Bären, bei Löwen, Elephanten und Greifen, goldenen Gänsen und weißen Adlern gute Aufnahme gefunden. Ich würde mir aber die krasseste Undankbarkeit zu Schulden kommen lassen, wenn ich behaupten wollte, bei Deutschen Kaisern, bei Kronprinzen und Erzherzögen, oder im Englischen, Russischen und Holländischen Hofeminder gut bewirthet worden zu sein. Am liebsten wird wohl Jeder da einkehren, wo er schon öfters gut aufgenommen worden ist, und wo der Wirth den Gast wiedererkennt, wenn er wiederkommt.

Italien konnte man früher von den Alpen bis zum Faro durchreisen, ohne in irgend einem Gasthofe den eigentlichen Besitzer desselben zu finden. Der Mann, den man für den padrone gehalten hatte, schrumpfte, wenn die Sache zum Klappen kam, stets zu einem Verwandten oder Beauftragten des Eigenthümers, oder zum Stellvertreter des Pächters zusammen. In Deutschland bildet es, abgesehen von den größten Karawanseraien der Großstädte und den Aktienhotels der besuchtesten Badeorte, glücklicherweise noch die Regel, daß die Gasthöfe von den Eigenthümern selbst geführt werden, und daß der Gast sich eintretenden Falles an den Hausherrn selber halten kann. Ich sage glücklicherweise, denn nichts ist dem Einkehrenden willkommener, als sich unter der persönlichen Obhut und Pflege des Gastwirths zu wissen, sich an seine Ortskunde wenden, an seine Erfahrung in Küche und Keller appelliren zu können. Der alte gute Brauch, daß der Gastwirth an seiner Tafel in Person theilnimmt, erweckt, wo man ihn noch vorfindet, von vornherein Vertrauen und Behagen bei den Gästen; wo er sich wegen der Größe des Hauses, mehrfacher Essenszeit oder sonstwie nicht mehr erhalten hat, gewährt es zweckmäßigen Ersatz, wenn der Wirth während des Essens im Saale erscheint, bei den Gästen die Runde macht, Bekannte anspricht und durch Wink und Weisung sich dafür besorgt zeigt, daß Jeder zu seinem Rechte komme.

Ein niederdeutsches Sprüchwort sagt, um die Verschiedenheit des Geschmackes zu kennzeichnen: Wat den Eenen sin Uhl is, is den Annern sin Nachtigall. So gehen denn auch die Urtheile selbst erfahrener Reisender über Güte, Leistungen, Preiswürdigkeit ꝛc. desselben Gasthofs recht weit auseinander. Die lebhaftesten Klagen über Hotelungemach hört man in der Regel von Vergnügungsreisenden, namentlich von Solchen, die diesem Vergnügen innerhalb der Sommerschulferien oder zu Pfingsten zu fröhnen gezwungen sind. Wer zu allen Zeiten des Jahres zu reisen gewohnt ist und seine Ansprüche nicht unbillig hoch stellt, wird anerkennen, daß sich die Bequemlichkeit des Reisens im Laufe der letzten dreißig oder vierzig Jahre durch Verbesserung des Unterkommens wesentlich erhöht hat. Betten, wie ich sie im Beginn meines Reiselebens noch in gar manchem deutschen Gasthofe, namentlich im Osten, ausgestanden habe, schwere, auf einander gethürmte Federpfühle auf harter und holpriger Grundlage, sind mir seit mehr als einem Jahrzehnt nirgends mehr begegnet. Jetzt kann man darauf rechnen, auch in kleinen und abgelegenen Orten im Gasthause ein breites, reinliches, der Jahreszeit angemessenes Nachtlager vorzufinden. Ebenso hat sich die Wascheinrichtung vervollkommnet. Waschschüsseln, die ein Engländer für Seifnäpfe halten konnte, haben beinah überall geräumigem, wohlgehaltenen Geschirr Platz gemacht. Die Fortschritte der Gesundheitspflege sind an den verschwiegensten Stellen auf das Erfreulichste zu erkennen.

An dem deutschen Partikularismus, den wir im Heerwesen, in Münze, Maß und Gewicht und in vielen anderen Dingen des öffentlichen Lebens glücklich überwunden haben, werden wir in der Verschiedenheit der norddeutschen und der süddeutschen Küche noch lange zu kauen haben. Eine gerechte Würdigung der Leistungen unserer deutschen Gasthöfe im Punkte der Verpflegung wird dadurch erheblich erschwert. An norddeutschen Wirthstafeln wird der Schwabe seine Spätzle, der Baier seine Knödel, der Rheinländer seinen Kohlsalat ungern vermissen und sich mit manchem pommerschen oder niedersächsischen Leibgericht schwer befreunden, während der Norddeutsche bei allen Vorzügen der süddeutschen oder der rheinischen Küche doch bald Sehnsucht nach den Kartoffeln und dem Wildbraten seiner Heimath verspürt. Noch stärker sind die Abweichungen im Getränk. Es ist noch nicht lange her, daß es östlich der Elbe nicht rathsam war, im Gasthause leichten Rhein- oder Moselwein zu begehren, wie er am Rhein und in Westfalen landesüblich ist. Ich erinnere mich noch lebhaft des Grausens, mit welchem Karl Braun (Wiesbaden), freilich eine der besten Weinzungen des Rheingaues, vor fünfundzwanzig Jahren sich auf einem gemeinschaftlichen Ausfluge in die Umgegend von Berlin von dem Getränk abwandte, das ihm in einem viel besuchten Wirthshause bei Potsdam unter dem Namen Rüdesheimer unter die Augen zu treten wagte. Und noch jetzt, wo die nivellirende Macht der Eisenbahnen auch hierin wesentlich bessere Zustände geschaffen hat, ist die Aufgabe ungelöst, dem Reisenden in Norddeutschland an der Wirthstafel einen so bekömmlichen und billigen Wein zu verschaffen, wie er ihn in den Gasthäusern unserer weinbauenden und weintrinkenden Landestheile nahezu überall vorgesetzt bekommt. Noch heute wetteifern die Weinkarten vieler norddeutscher Gasthöfe in der Aufzählung unwahrscheinlicher und, wenn echt, kaum zu bezahlender „Marken", über die der Reisende kühl hinwegblickt, um bei einem Schoppen sog. Brauneberger oder einer halben St. Julien den obligaten Weingenuß möglichst ungeschädigt zu absolviren, während man in süddeutschen Häusern mit aufrichtigem Vergnügen zunächst den „Offenen" trinkt, der ohne weiteres vorgesetzt wird, und sich dann beim Wirth nach einem angemessenen Specialgetränk erkundigt. Wird unter den intelligenten Gastwirthen Norddeutschlands nicht endlich ein Reformator erstehen, der seine Gäste in der hochwichtigen Weinfrage auf süddeutschem Fuße behandelt, der ihnen einen billigen unverfälschten Wein vom Fasse verzapft, und ihnen dadurch erlaubt, den Abend über bei ihm zu bleiben, statt sie zur Auswanderung in überfüllte Bierlokale zu zwingen? Exoriare aliquis!

Dagegen kann ich dankbar hervorheben, daß in einem andern wichtigen Punkte kein Unterschied zwischen süd- und norddeutschen Gasthöfen besteht, das ist die Willigkeit und die Zuverlässigkeit des Personals. Mich hat mein Reiseweg nicht selten erst zu sehr später Stunde das Nachtquartier erreichen lassen, und ich bin mitunter genöthigt, zu Stunden aufzubrechen, für die selbst der nachsichtigste Hausknecht keinen parlamentarischen Ausdruck kennt. Aber nie und nirgend bin ich unfreundlichen Gesichtern begegnet; selbst um mitternächtliche Stunde hat sich der aus dem Schlaf geweckte Küchenchef mit dem anerkennenswerthesten Pflichtgefühl um die Ehre des Hauses bemüht und um das Wohl des späten Gastes verdient gemacht, und sehr selten sind die Fälle, wo ich nicht der Weisung gemäß des Morgens um 3, um 4 Uhr oder sonst zur angegebenen Zeit pünktlich geweckt und prompt bedient worden bin. Es gibt noch heute deutsche Gasthöfe, in denen Hausknechte mit den Besitzern zusammen alt werden. In einem jetzt leider eingegangenen vortrefflichen Gasthof einer rheinischen Stadt erschien eines Morgens mit meinen Kleidern statt des altbekannten Gesichtes ein jüngeres. Und als ich frug, ob denn der alte Heinrich nicht mehr im Hause wäre, bekam ich die beruhigende Antwort: Doch, Herr, aber ich bin der Sohn und helf ihm ein wenig im Geschäft.

Das sind Züge, an denen man mit Freude wahrnimmt, auf welchen gesunden Grundlagen unsere deutschen Gasthöfe im Allgemeinen ruhen.

III.

Was man in Deutschland sehen kann.

Der deutsche Wald. Seine Verbreitung. Deutschland ist noch heutigen Tages bis zu einem vollen Viertel seiner Gesammtbodenfläche mit Wald bedeckt. Mit Ausnahme des Nordwestens, der von der Ems bis nach Schleswig-Holstein hin nur vereinzelte und im Ganzen geringe Ueberreste seines alten Waldbestandes sich erhalten hat, vertheilt sich der Waldreichthum über alle deutschen Länder, zwar nicht gleichmäßig, aber doch so, daß jedes einen beträchtlichen Antheil an diesem köstlichen Erbe aufzuweisen vermag. Preußen, das in dem Gesammtverhältniß von 23,3 Prozent Waldfläche hinter dem Durchschnitt von ganz Deutschland (25,7 Prozent) etwas zurücktritt, übersteigt diesen Durchschnitt in großen dicht bewaldeten Bezirken, wie Arnsberg mit 42, Wiesbaden 41,7, Coblenz 41, Kassel 39,2, Liegnitz 36, Frankfurt 35,4 Prozent, Trier mit 34 Prozent Waldfläche sehr beträchtlich und erreicht in einzelnen Kreisen des Regierungsbezirks Arnsberg, so in den Kreisen Arnsberg und Altena mit je 54,2, Olpe 65,1 und Siegen mit gar 71,9 Prozent Waldbedeckung eine Dichtigkeit, die selbst diejenige der waldreichsten deut schen Kleinstaaten, wie Meiningen mit 41,7 und Schwarzburg-Rudolstadt mit 45,4 Prozent Waldfläche noch bedeutend übertrifft. Weit über das deutsche Durchschnittsmaß erhebt sich der Waldbesitz in ganz Süddeutschland, da er in Baden 37,5, in Bayern 33, Hessen 31,3, Württemberg 30,8 und in Elsaß-Lothringen 30,6 Prozent der Bodenfläche erreicht.

Betrachtet man die Karte näher, welche in dem vom kaiserlichen statistischen Amte herausgegebenen Atlas der landwirthschaftlichen Bodenbenutzung (1881) den deutschen Waldbestand nach Aufnahmen vom Jahre 1878 mittels einer neunfachen Abstufung von hellgrün zu dunkelgrün übersichtlich veranschaulicht, so bestätigt sich die Wahrnehmung, die sich jedem Reisenden aufdrängt, durchaus, daß unser Waldreichthum in erster Linie in den immergrünen Forsten der deutschen Berge beruht. In dunkeln Massen erheben sich auf jener trefflichen Karte wie in der Wirklichkeit die Gebirgszüge der Vogesen und des Schwarzwaldes, des Karwendelgebirges und des bayrischen Waldes, der Donnersberg und der Hunsrück, Odenwald und Spessart, der Taunus, Westerwald und das weite Waldgebiet des Sauerlandes. Ebenso treten das Fichtelgebirge, der Thüringer Wald, das Erzgebirge, welchem das gewerbfleißige Sachsen seinen verhältnißmäßig hohen Waldbesitz von 27,7 Prozent des Areals verdankt, die Lausitzer und die schlesischen Bergzüge hervor. Der Harz und die hessischen Waldgebirge zeichnen sich wie Inseln gegen ihre weniger waldreichen Umgebungen ab.

Indeß der deutsche Wald ist glücklicher Weise nicht auf die Höhen beschränkt. Er findet sich auch im Hügellande und in der Tiefebene in ausgedehntem Umfange. In Oberschlesien erstreckt sich, im unmittelbaren Anschluß an das Gebiet der gewaltigen Kohlen- und Eisenindustrie, an der russischen Grenze ein Waldcomplex, der nahezu die Hälfte des gesammten Areals der Kreise Tarnowitz, Lublinitz und Rosenberg einnimmt. Der Waldreichthum des Regierungsbezirkes Frankfurt a. O. stützt sich gleichmäßig auf die starke Bewaldung des Hügellandes der Niederlausitz wie auf die zusammenhängenden Forsten, welche den Thallauf der Oder, der Warthe und der Netze durch die Neumark begleiten. Ihnen schließen sich die dichten Waldungen der Kreise Meseritz, Czarnikau und Birnbaum in Posen, Deutsch-Krone, Tuchel und Schwetz in Westpreußen an. Auch in Ostpreußen haben sich sowohl an einzelnen Stellen der Küste, wie im Kreise Labiau, als auch an der Seekette parallel der russischen Grenze umfangreiche Waldgebiete erhalten, wenngleich die Wildniß der masurischen und altpreußischen Wälder heute nur noch an vereinzelten Orten so dicht ist, wie sie uns in Ernst Wichert's lebensvollen Schilderungen aus der Zeit des Großen Kurfürsten entgegentritt. Auch in den Elbniederungen zeigt sich ansehnlicher Waldbestand bis weit hinab. Er reicht im Grunewald, im Köpenicker und Spandauer Forst, in der Jungfern- und der Tegeler Heide bis in die unmittelbare Umgebung der Reichshauptstadt, von deren Rathhausthurm bei einigermaßen klarem Wetter die Waldhöhen der Müggelberge und des Havelberges deutlich zu erkennen sind. Für die wanderlustigen Berliner sind diese leicht erreichbaren Waldpartien, denen sich für weitere Ausflüge der Brieselang, der Bernauer und der Oranienburger Stadtwald, der Blumenthal, die Umgebungen von Freienwalde und Eberswalde, der herrliche Choriner Forst anschließen, ein ebenso unschätzbares Kapital an Erholung und Erfrischung, wie der Sachsenwald und die schönen Wälder um Ludwigslust für die Hamburger. Selbst in dem Tieflande links der unteren Elbe, in der Lüneburger Heide, in der Weserniederung gibt es doch immer hier und da einen kleinen Waldstrich, zerstreute Baumgruppen und weithin ausgebreitete duftige Heiden, welche über die wirklich vorhandene Waldarmuth angenehm täuschen. Mit Ausnahme des beinahe ganz kahlen Landrückens zwischen der Ost- und Westküste von Schleswig, den man neuerdings mit großer Mühe neu aufzuforsten unternimmt, wird der Reisende in Deutschland nicht leicht eine irgendwie ausgedehnte Strecke durchfahren, ohne sich gelegentlich an dem willkommenen Ausblick auf umgrenzenden Waldhorizont zu erfreuen.

So ist es wohl nicht zu viel gesagt, daß Wald für Jedermann in Deutschland entweder nahe gelegen oder doch unschwer zu erreichen ist. Der Vorschlag des alten Ernst Moritz Arndt, nicht nur alle Berge, gleichsam geheiligt wie die alten Götterhaine, zu bewalden, sondern auch das deutsche Flachland in Abständen von höchstens 1½ Meilen mit Waldstrichen von mindestens 1500 Fuß Breite zu durchziehen, die niemals kahl getrieben werden dürften, schoß in seinem Feuereifer für die Erhaltung der deutschen Wälderpracht weit über das Ziel hinaus. Der Wunsch des Forstästhetikers Heinrich von Salisch[1]), daß man von jedem Orte wenigstens einen Wald, und wäre es auch nur am Horizont, erblicken könne, und Waldausflüge von jedem Orte in einem Tage hin und zurück zu Fuß möglich seien, ist in Deutschland wegen der ungemein ausgedehnten Verbreitung des Waldbesitzes leichter als in vielen anderen Ländern zu erfüllen.

Bedeutung des Waldbesitzes. Was dieser Waldbesitz für die deutsche Volkswirthschaft, für die Erhaltung der Fruchtbarkeit unseres Bodens, für die Gesundheitspflege und für die Sitten unseres Volkes bedeutet, das ist in trefflichen Schriften unserer national-ökonomischen, naturwissenschaftlichen und ethnographischen Literatur — ich erinnere nur an Wilhelm Roscher, v. Berg, Roßmäßler, Schleiden, Masius und W. H. Riehl — sowie insbesondere von einsichtigen Forstschriftstellern wie Burckhardt, Bernhardt, König und Anderen oft ausführlich klargestellt worden. Eine Wiederholung oder auch nur kurze Zusammenfassung der wichtigen Waldfragen, welche sie erörtern, liegt außerhalb der Ziele dieser Betrachtungen. Aber wenn es sich für sie jetzt darum handelt, kurz zu zeigen, worauf der Reiz des Reisens in

[1]) Forstästhetik, S. 89. Berlin 1885.

Deutschland beruht und was man in Deutschland sehen kann, dann stehen sie nicht an, den deutschen Wald in erster Stelle zu nennen und seiner Vorzüge in dankbarer Erinnerung zu gedenken.

Was den Griechen des Alterthums und den Engländern der Gegenwart das Meer, das ist uns Deutschen der Wald: er ist das Element, in welchem unsere Seele sich ausweitet, über den Staub und den Druck des Alltages sich zu frischem Aus- und Aufblick erhebt, und das uns im Zusammenhange mit den ewig unerschöpflichen Quellen der Natur selbst natürlich und jung erhält. Und wie das Geheimniß der ewigen Jugend Homer's nicht zum wenigsten darauf beruht, daß seine Gesänge vom Hauche des Meeres durchweht und von seinen Wellen umspült werden, wie die britische Poesie von Beowulf bis auf Enoch Arden durch einen kraftvollen Salzgehalt sich auszeichnet: so durchdringt ein Strom von Waldluft und Waldfreude wie ein unversieglicher Jungbrunnen die deutsche Dichtung von ihren Anfängen bis auf den heutigen Tag. Wer immer das Waltharilied zuerst gesungen und wer es in die rauhen Hexameter der uns allein erhalten gebliebenen lateinischen Uebersetzung eingekleidet haben mag: dem Sänger und dem Uebersetzer hat des Wasgenwaldes Herrlichkeit klar vor Augen gestanden und sichtlich das Herz bewegt. Im Nibelungenliede, wo der Himmel sonst ziemlich schwer auf der Erde lastet, ist's bei der Beschreibung der Jagd im Odenwald, als ob die Wolken sich auseinander schöben und lichte Sonne in das Waldesgrün hinein schiene. Unsere lyrischen Dichter werden seit Walther von der Vogelweide nicht müde, den deutschen Wald zu preisen; unsere Volkslieder stimmen den vollsten Ton an, wenn sie von ihm singen und sagen; im deutschen Märchen redet selbst der Wolf dem Rothkäppchen zu, es möge doch um sich schauen, wie lustig es sei „haußen im Wald.“ Und noch heute ist allen richtigen Deutschen aus der Seele gesprochen, was Scheffel in der „Aventiure“ den wackern Thüringer ausrufen läßt:

Daß ich wieder singen und jauchzen kann,
Daß alle Lieder gerathen,
Verdank ich nur dem Streifen im Tann,
Den stillen Hochlandspfaden:
Aus schwarzem Buch erlernst Du's nicht,
Auch nicht mit Kopfzerdrehen:
O Tannengrün, o Sonnenlicht,
O freie Luft der Höhen!

Während die Römer ein Schauder[1]) überfiel, wenn sie an Germaniens Wälder dachten, suchen wir sie auf, uns an ihrem Frieden, ihrem Schatten, ihrem Duft zu erquicken, unser Auge an ihrer Farbenpracht zu erfreuen, unsere überreizten Nerven in ihrer Ruhe wieder herzustellen.

Waldpfade. Wie manchen Lieblingsplatz weiß dieser und jener meiner geneigten Leser in deutschen Wäldern, dessen Kenntniß, wie in Schiller's „Geheimniß“ (beiläufig einem Waldliede, dessen Ernst und Lieblichkeit in Eichendorff's Gedichten einen starken

[1]) Tacitus Germ. c. 5 terra . . silvis horrida.

Widerhall gefunden hat), vor Unberufenen sorgsam verborgen wird!

> Sie können nur die Freude stören,
> Weil Freude nie sie selbst beglückt.

Ohne Alles auszuplaudern, was mir unterwegs kund geworden, kann ich doch der Versuchung nicht widerstehen, auf einen oder den anderen Waldpfad hinzuweisen, den ich mit Freude betreten habe.

In den Vogesen. Vor Allem ist der Vogesen zu gedenken, deren prachtvolle Tannenwälder und sonnige rebenumblühte Thäler, deren lichte Höhen und weite Matten viel häufiger, als es schon jetzt geschieht, von deutschen Wanderlustigen aufgesucht zu werden verdienen. Wie es überhaupt die höchste Zeit zur Wiedergewinnung des Elsasses war, und noch viel Zeit und Geduld erforderlich ist, um unseren lieben Landsleuten im Reichslande zum vollen Bewußtsein ihres echt deutschen Wesens zu verhelfen: so war's nach dem Zeugniß deutscher Forstwirthe auch für die Wasgauwälder hohe Zeit, in sachkundige deutsche Waldpflege genommen zu werden, und es wird auch bei ihnen mancher Schonung und mancher Neupflanzung bedürfen, um die Spur der Fremdherrschaft zu verwischen. Aber eigentliche Waldverwüstung ist auch in französischer Zeit nicht getrieben worden, und mancher herrliche Bestand an Edeltannen und Rothtannen ist von den deutschen Förstern mit Vergnügen übernommen worden. Das Vorwiegen der Tannen prägt den Wäldern der Vogesen ebenso wie denen des Schwarzwaldes ihren unterscheidenden Zug auf. Aber hüben wie drüben sind in das Schwarzgrün lichte Wipfel von Laubbäumen reichlich eingesprengt, sowohl in ganzen Schlägen wie Buchen und Eichen, als in häufigen Einzelexemplaren wie Bergahorn, Edelkastanie, Esche und wilde Obstbäume. Unter und neben ihnen sprießt ein Unterholz der verschiedensten Waldsträucher empor, die namentlich an Bergabhängen in den Tagen, „wo selbst die Dornen Blüthen tragen", im Verein mit der lieblichsten Waldblumenflora zu einer entzückenden Mannichfaltigkeit von Farben und Düften gedeihen. Der Waldweg, der mich an einem schönen Junimorgen an der Wegtheilung zwischen Pfalzburg und Zabern von der Heerstraße links ab an blüthenprangenden Hängen vorbei und unter dem weithin schattenden Geäst mächtiger Buchenstämme nach Oberhof und von diesem auch zu längerem Aufenthalt durchaus geeigneten Rastpunkte das Kraufthal hinauf nach Lützelsteins halb vergessener Veste führte, hätte wohl auch das verwöhnteste Auge befriedigt. Nicht minder reich an Abwechslung war der Weg, auf welchem wir demnächst von Lützelstein über manches Querthal und manchen Höhenriegel nordwärts an der Vogesenkette entlang über Götzenbrück und Lemberg bis nach Bitsch uns durchfühlten. In dankbarster Erinnerung ist mir ferner die erfrischende Fahrt geblieben, die mich an einem kalten, klaren Januarnachmittag von Oberehnheim (die Franzosen nannten's Obernay) das Klingenthal hinauf durch die schwer bereiften Tannenwälder des Forstorts Grendelborn zum Odilienberg hinaufführte. Namen wie dieser legen, beiläufig bemerkt, mit ihrem Anklang an älteste deutsche Heldensage ein vollgültiges Zeugniß vom Deutschthum des Elsasses ab. Auch wer nur kurze Zeit im Elsaß verweilt, sollte sich die Freude nicht versagen, das gastliche Kloster der heiligen Odilie aufzusuchen, und von der Felsenbastion, die es trägt, den Ausblick auf das blühende Land zu seinen Füßen bis weit hin an den Rheinbogen zu genießen. Oder er sollte an einem so schönen Herbstmorgen, wie er mir zu Theil geworden ist, von Zabern auf heiteren Wiesen- und Waldpfaden zu den Trümmern des Lustschlosses Hohbarr hinaufsteigen, das sich einst der Bischof von Straßburg als Sommersitz erbaute, und das wegen der herrlichen Aussicht von seinem Felsenaltan mit Recht das Auge des Elsasses genannt wird.

Wer tiefer ins Gebirge dringen kann, wer aus dem Breuschthal zur Kuppe des Donon, oder wer aus dem Münsterthal zum Belchen hinaufsteigt, um über Wildenstein nach Wesserling im St. Amarinthal hinabzugehen, der wird auf diesen und anderen minder begangenen Pfaden überall den Spuren des Vogesenclubs begegnen, der sich die Aufschließung des Wasgenwaldes für Reiseverkehr und Sommeraufenthalt zu einem der Ziele seiner patriotischen Thätigkeit erwählt hat. Von deutschen Beamten errichtet, zählt dieser über das ganze Reichsland verbreitete Verein auch zahlreiche Alt-Elsässer zu seinen Mitgliedern, und er bietet den alten wie den neuen Bewohnern des schönen Landes ein erwünschtes Feld zu gemeinsamer nützlicher Thätigkeit.

Von dem Schriftführer des Centralausschusses des Vogesenclubs, Dr. Bechstein, ist vor Kurzem ein kleines nett ausgestattetes Heftchen[1]) veröffentlicht worden, welches eine große Anzahl von Ausflügen in die Vogesen in übersichtlicher Weise zusammengestellt und dadurch, sowie durch die im Anfange gebotene Aufzählung und treffende Charakterisirung der Rastorte, Stützpunkte und Sommerfrischen altländischen Besuchern des Reichslandes die zweckmäßige Auswahl ihrer Vogesenfahrten auf das Angenehmste erleichtert. In Straßburg hat sich überdies ein Verkehrsverein für Straßburg und die Vogesen aufgethan, welcher auf dem Rathhause ein eignes Büreau zu unentgeltlicher Auskunft in allen Verkehrsangelegenheiten offen hält.

Im Schwarzwald. Der Schwarzwald, an der großen Heerstraße nach der Schweiz gelegen und durch die an kühnen Viaducten, Kehrtunneln, Felsendurchbrüchen reichen Bahnstrecken von Offenburg nach Singen und von Immendingen nach Waldshut (Wutachbahn) von Schienenwegen durchquert, zieht schon deswegen, dann aber auch durch den Weltruf des herrlichsten deutschen Bades, durch seine Heilstätten und Luftkurorte, endlich durch zahlreiche und vorzüglich beschaffene Sommerfrischen alljährlich Tausende von Besuchern aus allen Theilen Deutschlands in seine Tannenwälder und auf seine mühelos

[1]) Ausflüge in die Vogesen. Straßburg, Druck von J. H. Ed. Heitz (Heitz & Mündel) 1895. 40 S. in kl. Octav.

ersteigbaren aussichtreichen Gipfel. Der fröhlichen Jugend, welche in Heidelberg, Freiburg, Basel, Tübingen, Straßburg, ja rheinabwärts bis Bonn sich „Studirens halber aufhält“, ist der Schwarzwald seit alten Zeiten ein willkommener Tummelplatz ihrer Wanderlust und ein beliebtes Stelldichein für studentische Zusammenkünfte gewesen und geblieben. Obwohl die Verhältnisse und auch die Preise sich geändert haben gegen 1857, wo in Allerheiligen der alte Förster Mittenmaier Kost und Logis gab und den ganzen Studentenschwarm, der sich um die Pfingstzeit von allen rheinischen Universitäten bei ihm zusammengefunden hatte, zur Nachtruhe auf den Heuboden commandirte, kann man im Schwarzwald, wenn man's vernünftig anfängt, auch noch heute billig reisen. Waldbilder aber, wie man sie vom Merkuriusberg oder vom Ebersteinschloß bei Baden-Baden, oder am Westabhange der Hornisgrinde zwischen Wolfsbrunnen und Breitenbronn, oder auf dem Wege von Todtnau, dem obersten Rastort in Hebel's grünem Wiesethal, um das Herzogshorn herum nach St. Blasien und das Albthal hinab nach Albbruck sieht, wird man nicht leicht anderwärts finden. Namentlich sieht man kaum irgendwo die Edeltanne zu solcher Vollendung gedeihen. Ihr schlanker, silberglänzender Stamm, um den die schwarzgrünen Wedel ihrer Aeste ein weit hinabreichendes, harzduftendes Kleid weben, schießt zu Höhen auf, an denen man staunend auf- und niederblickt. Solche Holländerbäume, wie die stärksten Tannen in Erinnerung an die alte Holzflößerei nach den Niederlanden noch heute heißen, erreichen Stammhöhen von vierzig Meter, ohne Spuren des Alters erkennen zu lassen.

Die Vogesen wie der Schwarzwald sehen auf ein reiches Land mit hochentwickeltem Gewerbefleiß hinab, von dessen Industrie beide keineswegs unberührt bleiben. Weit hinein in alle Vogesenthäler ziehen sich die Fabrikgebäude und leider auch die Schornsteine der elsässischen Webereien und Spinnereien, deren mächtiger Betrieb von Mülhausen aus nicht nur das obere Elsaß mit umfangreichen Niederlassungen in Thann, Gebweiler, Münster, Markirch u. A. erfüllt, sondern auch auf der andern Rheinseite das ganze Wiesethal von Lörrach bis Todtnau hinaufsteigt. Ebenso dringt im Unterelsaß die Eisenindustrie in den Hüttenwerken der Familie von Dietrich zu Niederbronn und die Glasmacherei in den bedeutenden Werken in Götzenbrück bis tief in die Berge hinein. Im Schwarzwald ist, mit Ausnahme des Wiesethals und vereinzelter Fabrikanlagen, mehr die Hausindustrie heimisch geblieben, die selbst in den Hauptsitzen ihres größten Betriebes, der altberühmten Uhrmacherei, in Lenzkirch, Furtwangen, Neustadt keine besonders großen Baulichkeiten erfordert und sich dem Blicke des Reisenden wenig aufdrängt.

Beiden aber, den Vogesen wie dem Schwarzwald, ist gemeinsam die hocherfreuliche Nachbarschaft des Weinbaues, dessen Rebhügel links wie rechts des Rheins die Ketten der Ufergebirge mit einem Kranze wohlklingender Namen und wohlschmeckender Getränke umgeben. Kommt dem Markgräfler — ein Name unter welchem der Fremde nicht bloß die Weine des alten Markgräfler Landes im südlichen Baden, sondern jegliches Erzeugniß badischer Reben zusammenzufassen pflegt — sein alter Ruf, seine Milde und seine Bekömmlichkeit zu statten, so stehen dem Elsaß durch die Menge, den Gehalt und das Feuer seiner Gewächse nicht unverächtliche Waffen in dem Wettkampf um den deutschen Markt zur Seite. Weine wie der Rangen von Thann, mit welchem der schlanke Thurm der St. Theobaldskirche in die Höhe geführt worden sein soll, als der mit Wasser angerührte Mörtel nicht haften wollte, oder der Güterle von Gebweiler, die trefflichen Roth- und Weißweine von Reichenweier und der fröhlichen Pfeiferstadt Rappoltsweiler verdienen mit Verstand getrunken zu werden und werden sich bei deutschen Männern, die einen guten Tropfen zu würdigen wissen, sicherlich mit der Zeit ebenso Eingang verschaffen, wie die besten Markgräfler, etwa der rothe Feuerbacher, der Auggener oder die lieblichen Getränke, die am Oberlauf des Rheins vom Grenzacher Hörnli bis aufwärts zum Rheinfall gezeitigt werden. Und auch wer die Bekanntschaft mit diesen Edlen, deren Verzeichniß von jedem Kundigen leicht zu vervollständigen ist, bisher verabsäumt hat, wird des billigen, unverfälschten und gedeihlichen Weins, den man in den Vogesen wie im Schwarzwald fast ausnahmslos überall vorgesetzt erhält und gerne trinkt, dankbar eingedenk sein.

In deutschen Mittelgebirgen. Aber nicht bloß das Thal des Oberrheins, sondern auch zahlreiche

Nebenflüsse seines mittleren und niederen Laufs sehen noch heutzutage Wälder von altberühmter Herrlichkeit in unverminderter Frische um ihre Ufer aufragen. Im Maingebiet sind die Nord- und Südabhänge der Rhön mit prangenden Buchenforsten bestanden, auf deren grüne Wellen der gastliche Gipfel der Kreuzburg einen herzerquickenden Ausblick gewährt. Und in den stattlichen Ueberresten der Kaiserpfalz zu Gelnhausen läßt man sich gern erzählen, daß in dem alten Reichswald, der sich über die Höhen und Thäler des Spessarts bis gegen Aschaffenburg hinzieht, noch mancherlei Namen mit Anklängen an die Zeit der Hohenstaufen erhalten sind. Ein anderer Reichswald von erlesenster Schönheit ist's, durch den der Weg aus dem Lahnthal bei Ems zu dem in weiter Lichtung thronenden Burgfelsen von Montabaur aufsteigt. Auch den oberen Lauf der Lahn umlagern von ihren Quellen am Lahnhof abwärts bis Biedenkopf hin weite köstliche Waldreviere, an die sich nordwärts die mächtigen Bestände des Sauerlandes, südwärts die Waldkuppen des Westerwaldes anschließen. Ebenso reihen sich links des Rheins, von den Felsenklippen der Nahe-Ufer und den rebenblühenden Steilabhängen der Mosel nur wenig unterbrochen, auf den Höhen des Soonwaldes, des Hunsrück und des Idarwaldes, dichte Waldmassen aneinander, in deren stillen Thälern die von dem römischen Kaisersitze Trier nach Mainz und nach Coblenz führenden Römerstraßen und die Mithrasbilder der an ihnen lagernden Legionen noch heut zu erkennen sind. In dankbarer Erinnerung möchte ich, um aus der Fülle schöner Waldpfade rechts und links des Mittelrheins nur einen anzuführen, des köstlichen Sommermorgens gedenken, der mich vor einigen Jahren von Oberstein und Idar durch hochstämmigen Buchenforst mit weiten Ausblicken bis auf die Basaltkuppen der Eifel über Kempfeld und Morbach in das weinblühende Moselthal hinab nach dem gastfreundlichen Bernkastel führte. Und gar kein Ende wäre zu finden, wenn ich auf Waldfahrten im Teutoburger Wald, im Wesergebirge, in Thüringens lieblichen Höhenzügen oder im Harz eingehen wollte, wo sich trotz des alljährlich anwachsenden Reiseschwarms dem Kundigen noch immer hier und da selten betretene heimliche Winkel wie ein verschwiegner Aufenthalt der Seelen aufthuen.

Wälder der Ebene. Nicht Rebberge und Forellenbäche, nicht sagenumsponnene Burgtrümmer auf den Höhen und Ausblicke auf Münsterthürme im Thal sind es, denen die Wälder der norddeutschen Tiefebene ihre Anziehungskraft verdanken. Statt felsenumklammernder Tannen reihen sich die rothen Stämme der Kiefer in unabsehlicher Wiederholung an- und hintereinander, oft genug auf dürrem Boden, den statt fröhlichen Unterholzes nur die blaugrünen Blätter der Heidelbeere und an den Grabenrändern die bescheidenen Blüthen des Heidekrauts schmücken. Aber der Weg durch märkische, pommersche oder preußische Kiefernwälder entbehrt doch nicht des eigenartigen Reizes. Unvermuthet blitzen rechts oder links

Wasserflächen auf; weite Seespiegel öffnen sich, von waldigen Hügeln umgeben und im Hintergrunde im bläulichen Duft verschwindend. Aus dem dichten Röhricht der Ufer flattert die Wildente auf, Abends treten Rehfamilien, und wenn man Glück hat, auch wohl der stolze Edelhirsch aus dem Waldesdunkel zur Tränke hinaus. Wild wird in den Wäldern der Ebene leichter sichtbar als im Gebirge. Nicht bloß in den großen Jagdrevieren des Letzlinger Forstes und der Göhrde, der Rominter Heide in Ostpreußen oder den Waldfürstenthümern schlesischer Magnaten, wo man selbst vom Wagen aus Rudel von Roth- und Rehwild nicht selten zu Gesicht bekommt; auch in mecklenburgischen und pommerschen Wäldern begegnet man Hirschen, deren mächtige Geweihe jedem Sammler das Herz lachen machen. Im Thurm seines Jagdschlosses in der Granitz hat der Fürst von Putbus eine an Zahl und Stärke hervorragende Sammlung vereinigt, deren Trophäen fast nur von Hirschen herrühren, die in rügischen Wäldern erlegt worden sind.

Spärlicher sind in den großen Walddistricten des Ostens die menschlichen Wohnsitze vertheilt, und nicht überall kann man in Dorfkrügen und Heideschenken auf so gute Unterkunft rechnen, wie in häufig besuchten Gebirgswäldern. Aber an traulichen Einkehrstätten ist auch der Osten nicht arm, und in seinen Forsthäusern ist eine Gastlichkeit heimisch, die zu Herzen spricht und die Zunge löst. Die Männer der grünen Farbe, auf lange, einsame Stunden im Walde angewiesen, lieben Abends ein geselliges Wort und versagen sich weder den Austausch ihrer Erfahrungen noch die Mittheilung von Jagderlebnissen, die im Scherz und Ernst wohl gelegentlich an das bekannte Jägerlatein streifen, aber lange nicht so oft, wie unsere Witzblätter vorgeben. Wer den Wald und seine Bewohner liebt, wird mir sicher darin beistimmen, daß prächtige Charakterköpfe, wetterfeste, unter rauher Oberfläche warmherzig gebliebene Menschen unter Förstern und Waldhütern Gott sei Dank keine Seltenheit sind. Waldmenschen, wie sie Gustav Freytag in seinem „Soll und Haben" in dem knorrigen Blockhausbewohner des polnischen Gutsforstes, oder der Dichter der „Katholischen Mühle" in seinem langen Peter geschildert haben, und wie sie Ludwig Knaus in dem reizenden Bilde des ruhenden Försters uns vor die Augen führt, wird Jeder, der in deutschen Wäldern Bescheid weiß, als lebenswahr anerkennen. Auch in den ebenso anspruchslosen wie abgerundeten Schilderungen, durch welche die Schrift des Oberförsters R. Schütte in Woziwoda über die Tuchler Heide dies früher übel beleumundete westpreußische Waldrevier zu Ehren gebracht hat, ist ein wahres Prachtstück von einem altpreußischen Förster in kernigstem Humor verewigt worden.

Waldbäume. Ist die Kiefer im Osten, die Tanne im Südwesten der vorherrschende deutsche Waldbaum, so bleibt doch nicht nur in ihrem Gebiet, sondern auch außerhalb desselben Raum für die verschiedenartigsten und mannigfaltigsten Laub- und

Nadelhölzer. Ihrer Abwechselung verdankt der deutsche Wald sowohl in den Bergen als auch in der Ebene einen guten Theil seines Reizes. Auf ihr beruht die Reichhaltigkeit seiner Färbung, in der sich vom ersten Erwachen des Frühlings bis tief in den Winter hinein die verschiedensten Töne zu einer wohlthuenden Gesammtwirkung verbinden. Da schießen, das stumpfe Grün der Fichtennadeln unterbrechend, im April die jungen Buchenblätter in ihren spitzen, braunen Hüllen freudig zum Licht empor und entfalten ihr zartes hellglänzendes Laub, dessen Fächer im Sommer den reichsten Schatten spenden und dessen gelbe, rothe und dunkelbraune Tinten das Sinken des Jahres im Herbst bezeichnen. In den Buchenwaldungen des Spessarts, der Rhön und des Sauerlandes drängen die dichten Baumkronen sich so eng aneinander, daß sie das Licht nicht eindringen lassen und andere Pflanzen nicht aufkommen können; wie graue Säulen streben die mächtigen Schäfte empor, an der Wetterseite mit dunkelgrünem Moos reich bewachsen.

Wer die heiligen Hallen der deutschen Buchenwälder als Reisender andächtig betritt, schaut mit ungemischterer Freude und Bewunderung zu ihren grünen Bogen auf, als dies in der Regel vom Besitzer dieser Waldesdome geschieht. Denn trotz ihres schlanken und gleichmäßigen Wuchses und trotz der Härte und Schwere ihres Holzes sind Buchenstämme für Nutzzwecke nicht leicht zu verwerthen, weil sie mehr Feuchtigkeit aufnehmen und sich beim Trockenwerden stärker werfen, als Balken und Bretter aus dem

Holze anderer Bäume. So ist für die herrlich prangenden Waldriesen des Buchenforstes lange Zeit hindurch kaum eine andere Verwerthung üblich gewesen, als zersägt und gespalten als Brennholz in den Ofen zu wandern, und auch diese Verwendung, an sich weitaus minder einträglich als Nutzholz, unterliegt bei dem steigenden Mitbewerb der Kohle manchen Hemmnissen. Nicht nur der Volkswirth, sondern auch der Freund des deuschen Waldes kann es nur mit Freude begrüßen, daß neuerdings Versuche, das Buchenholz durch Imprägnirung, Auslaugung u. dergl. von den ihm anhaftenden Mängeln zu befreien und bauwürdig zu machen, in weiten Kreisen Eingang finden und durch die Forstverwaltung[1]) gefördert werden. Die Erfahrungen, die bei den Postbauten schon seit einer Reihe von Jahren mit der Verwendung von Buchenholzdielen und Buchenparkettböden in Räumen gemacht worden sind, welche starker Abnutzung ausgesetzt sind, haben überwiegend günstige Ergebnisse geliefert.

Neben der Buche behauptet, nicht an Zahl, aber an charaktervoller Ausbildung ihrer Einzelexemplare die Eiche eine hervorragende Stelle unter den deutschen Waldbäumen. Langsam wie ihr Wuchs, ist auch ihr Erwachen aus dem Winterschlaf; sie ist die letzte, die, wenn rings schon Alles im frischen Laube steht, ihre starken Aeste mit zartem Blattansatz und gold-

[1]) Eine übersichtliche Zusammenstellung dieser Versuche gibt die soeben im Auftrage des Landwirthschaftsministers herausgegebene Schrift des Forstraths von Alten: Versuche und Erfahrungen mit Rothbuchennutzholz. Berlin, Julius Springer, 1895.

gelben Blüthenträubchen schmückt. Aber ihre derben Blätter halten aus, wenn andere Bäume ihr Laub längst abfallen ließen, und überdauern die Winterstürme nicht selten bis in den Frühling hinein. Narbenvoll, doch unerschüttert steigt ihr mächtiger Stamm auf; er verzweigt sich zu einer Krone, deren Höhe von anderen Bäumen übertroffen, deren majestätische Wirkung aber von keinem erreicht wird. Wahrhaft königliche Eichen sah ich neulich in großer Zahl an dem Damm, der auf der Straße von Goschütz nach Militsch hinter Brustawe eine lange Strecke zwischen ausgedehnten Teichen dahinführt, und ebenso im Walde von Resigode zwischen Militsch und Trachenberg, gleichfalls unmittelbar am Seeufer. Das reizvolle Spiegelbild hoher Baumgestalten im Wasser kann man an der Ostseeküste vom preußischen Samland durch Pommern und Mecklenburg bis Schleswig-Holstein antreffen, wo Buchen, die ihre weiten Aeste bis hart an den Strand ausbreiten, keine Seltenheit sind. Die buchenumkränzten Landseeen Holsteins, wie der Uklei-See bei Eutin, der Preetzer See sind das Wanderziel vieler Waldfreunde.

Nicht bloß die Menschen und Thiere des Waldes, sondern auch seine Bäume sind deutschen Malern stets ein willkommener Gegenstand ihrer Darstellungen gewesen. In den Jagdbildern von Chr. Kröner, in den Waldlandschaften eines Max Schmidt prägen sich tiefe Kenntniß des deutschen Waldes und leidenschaftliche Liebe für ihn aus. Wenn die Heldengestalten unserer Eichen in den Landschaftsbildern des

Epikers unter unseren Malern, Karl Friedr. Lessing, vorherrschen, so gibt Heinrich Flickel das feierliche Halbdunkel unter den Kronen hoher Buchen, sowie das Spiel des einfallenden Sonnenlichts um ihre Stämme mit vollendeter Meisterschaft wieder. Die trotzigen Wettertannen unserer Bergwälder haben an dem Schweizer Calame, die schwermüthige Poesie der Kiefernwaldungen an dem Brandenburger Karl Blechen und dem Deutschrussen Julius v. Kloeber treue und liebevolle Interpreten gefunden.

Der Standort unserer Waldbäume wird in erster Linie durch ihre Anpassung an den Boden und an das Klima bedingt; der Waldpflege liegt es ob, jedem Boden diejenigen Baumarten zuzuweisen und zu erhalten, die nach ihren natürlichen Lebensbedingungen auf ihm am besten fortkommen. Das erfordert ein sehr erhebliches Maß menschlicher Einwirkung, sowohl in der Auswahl und Ausführung der Durch- und Abhiebe, wie in Anlegung und Ueberwachung der Neupflanzungen. Bei beiden haben neben den Regeln der Forstwissenschaft bekanntlich auch andere Factoren, z. B. die Geldverhältnisse des Besitzers und fiscalische Rücksichten, ferner aber auch Liebhaberei, gelegentlich wohl auch die Landschaftsgärtnerei ein Wort mitzusprechen. Der Kiefer ist in unseren östlichen Wäldern hier und da mehr Platz eingeräumt worden, als ihr gebührt, weil die Finanzpolitik des vorigen Jahrhunderts sich von dem Anbau dieses Baumes eine schnellere Wiederkehr des Abhiebs und damit größere

Erträge als von Laubhölzern versprach, eine Einseitigkeit, die sich an vielen Stellen durch Verarmung des Bodens gerächt hat. Auch der Waldboden verlangt, wenngleich natürlich in langsamerer Folge als der Acker, einen Wechsel in der Bebauung, und die Akklimatisation von Waldbäumen bildet, wie die Einführung passender Getreide- und Grasarten für den Landwirth, für den Forstwirth eine schwierige, aber lohnende Aufgabe. Den Versuchen, ausländische Laub- und Nadelhölzer, namentlich den schwarzen Wallnußbaum, die Weymouthskiefer, die Douglasfichte, japanische Nutzbäume in unseren Wäldern zu naturalisiren[1]), wird von vielen Seiten ein lebhaftes Interesse zugewendet, andererseits freilich ein schwer zu überwindendes Mißtrauen entgegengestellt. Wer Gelegenheit findet, den von einem eifrigen Vorkämpfer dieser Bestrebungen, Herrn John Booth, in der Colonie Grunewald bei Berlin eingerichteten Versuchsforst zu sehen, kann sich davon überzeugen, daß die vorbezeichneten und andere ausländische Bäume bei uns nicht nur, wie allgemein zugegeben wird, in Park- und Gartenanlagen, sondern auch, was manche Forstwirthe bestreiten, bei forstmäßiger Anpflanzung gut fortkommen. Die in diesem Arboretum vorhandene Sammlung von Stammdurchschnitten und Stammenden gewährt ein anschauliches Bild von dem raschen Wachsthum, der Festigkeit und den sonstigen Vorzügen dieser edlen Holzarten.

[1]) John Booth, Die Naturalisation ausländischer Waldbäume in Deutschland. Berlin 1882.

Auf der Holzerzeugung beruht der weitaus hauptsächlichste, aber lange nicht der einzige Nutzertrag des Waldes. Auch seine Nebenproducte sind, wie die Waldstreu für die Landwirthschaft, Eichenrinde, Weidenruthen, Baumharz, Theer und Pottasche für die verschiedensten Industrien von nicht geringer wirthschaftlicher Bedeutung. Das Beeren- und Pilzsammeln bietet willkommene Gelegenheit zum Nebenerwerb für Kinder und Frauen der an- und umwohnenden Bevölkerung. Auch hierdurch werden nicht unbeträchtliche Ernten eingeheimst. Vom Bahnhof in Celle sind im Jahre 1892 nicht weniger als 32 850 Kilogramm Heidelbeeren und 84 657 Kilogramm Kronsbeeren als Bahngut versandt worden. Dabei waren die Kronsbeeren (im Osten heißen sie Preißelbeeren) nicht gut gerathen, denn im Vorjahre hatte ihr Versandt sich auf 112 230 Kilogramm belaufen. Was die Pilze anbetrifft, so kann ich mich seit lange der Meinung nicht erwehren, daß ihnen in Deutschland nicht die Beachtung geschenkt wird, die ihnen nach ihrem Nährwerthe und ihrem Geldwerthe gebührt. In Frankreich zählt die Pilzzucht zu den natürlichen Reichthümern des Landes; sie wird an geeigneten Stellen, Waldrändern, auf sandigen Heiden zc., kunstgerecht betrieben; Trüffeln und Champignons stellen Ausfuhrartikel dar, die mit Millionen zu Buch schlagen. Bei uns habe ich oft wahrnehmen müssen, daß die Beerensammler an Pilzen achtlos vorübergehen, die anderwärts hochgeschätzt werden. In der Ansicht, daß die Pilzzucht in Deutschland der Verbesserung bedarf und fähig ist, werde ich durchaus bestärkt durch die Bemerkungen in dem Bericht des preußischen Ministers für Landwirthschaft, Domainen und Forsten für die Jahre 1884—1887[1]), worin hervorgehoben ist, daß den eßbaren Pilzen bei uns in vielen Gegenden nicht die verdiente Aufmerksamkeit zugewendet, und worin überdies zu meiner besonderen Freude der Bemühungen gedacht wird, dem edelsten und werthvollsten Pilze, der Trüffel, die, wie ihr Vorkommen in mehreren Forsten Thüringens, Hessens und der Provinz Hannover beweist, auch in Deutschland gedeiht, in größerem Umfange Eingang zu verschaffen. Hoffentlich finden sich auch bei uns Waldbesitzer, die, wie dies in Frankreich Sitte ist, die Kultur von Edelpilzen als Liebhaberei, ja gewissermaßen als Sport betreiben und uns dadurch von einer nicht unbeträchtlichen Steuer an das Ausland befreien.

Der Wald im Winter. Gewiß gilt auch für den Wald, wie für das Reisen überhaupt, die fröhliche Weise, die in Platens verhängnißvoller Gabel erklingt:

O wonnigliche Reiselust,
An dich gedenk ich früh und spat!
Der Sommer naht, der Sommer naht,
Mai, Juni, Juli und August!

Aber wer den Wald nicht im Winterkleide gesehen hat, kennt ihn nicht vollständig und kennt manche seiner größten Reize nicht. Wir Städter kommen,

[1]) Preußens landwirthschaftliche Verwaltung in den Jahren 1884—1887. Berlin 1888. Bd. II, S. 198 f.

wenn wir Nichtjäger sind, im Winter überhaupt viel zu wenig ins Freie; wir stecken viel zu sehr in überheizten und überlauten Räumen. Von der Erquickung für Körper und Geist, die eine Winterwaldfahrt gewährt, haben die Wenigsten eine zutreffende Vorstellung, sonst würden sie sich diesen Genuß öfter verschaffen. — Da steht, wenn unser Schlitten im raschen Trabe die Chaussee entlang klingelt, fern im Hintergrunde endloser weißverhüllter Felder der Wald wie eine feste schwarze Wand. Kommen wir ihm näher, so heben sich aus dem dunkeln, weiß übersprenkelten Massiv des Nadelholzes die kahlen Kronen der Laubbäume als graue und röthliche Einschlüsse ab. Die Birken am Waldesrande lassen ihre vom Rauhfrost überzuckerten feinen Zweige bis tief zum Boden hinabhängen und schimmern im Sonnenlicht wie das Bäumlein, das gläserne Blätter gewollt, in Rückerts reizendem Gedicht. Jetzt taucht unser Weg in den Wald hinein, der uns viel heller und durchsichtiger erscheint als im Sommer. Nun erst sehen wir, zu welchen Massen der Schnee sich hier, wo er vom Beginn des Winters an ruhig liegen geblieben ist, eine Lage nach der anderen, angehäuft hat. Unter zusammenhängender dichter Schneedecke hat sich die Krone junger Tannen und Fichten tief herabgesenkt; wuchtiger Schnee lastet auf den breiten Wedeln ihrer Aeste und biegt sie bis zur Erde hinab. Rechts und links vom Wege verwandeln sich unter dieser Schneedecke, welche alle Gräben überbrückt, Bäume und Strauchgruppen in phantastisch-groteske Gestalten;

hier erscheinen die absonderlichsten Thiermetamorphosen, Eisbärengruppen, Rüsselthiere, halb formlose Ungeheuer aller Art, aus deren runden Schneehäuptern an ganz unvermutheten Stellen die grünen Zweige des darunter schlummernden Tannenbäumchens lustig hervorbrechen; dort haben junge Fichten sich derartig von Kopf bis Fuß in Schnee eingehüllt, daß sie wie eine Nonnenprocession vor uns aufziehen. Schnee steigt an der Wetterseite mächtiger Buchenstämme in breiten Massen empor; Schneestreifen lagern wie weiße Boas auf den starken Aesten der Eiche bis in das feine Gewirr der Zweige hinein.

In Gebirgswäldern wird der fremdartige Eindruck des Winterkleides noch verstärkt durch die Einwirkung des Windes, der an den ihm zugänglichen Stellen Kraftproben aller Art vorgenommen hat. Hier hat er den zwischen zwei Fichtenschonungen am Abhang eingeschnittenen Weg völlig verweht, so daß erst durch den Schneepflug Bahn geschaffen werden mußte; aus den Schneewänden rechts und links gucken nur hier und da die grünen Kronen der unter ihnen begrabenen jungen Pflanzen hervor. Dort über der steilen Waldblöße ragen Schneewächten frei in die blaue Luft hinaus; der Wind hat sein Vergnügen daran gehabt, sie zu allen möglichen und unmöglichen Sphäroiden abzurunden und auf ihnen hier und da einen überhängenden scharfen Grat auszumodelliren. Die schmale Wasserrinne an jener Felswand, die man im Sommer kaum an der dunkleren Färbung des Gesteins erkennt, hat sich durch den Frost in eine Eiskaskade von überraschender Größe und blendender Schönheit verwandelt, neben der einzelne völlig in Silber gekleidete Tannen Schildwache halten.

Fährt man bei klarem Frostwetter durch solchen tiefverschneiten Wald, dann rieseln im Sonnenschein flockige Schneefälle von den überlasteten Bäumen langsam abwärts; manchmal fällt es wie eine kleine Lawine hörbar herab, und bei strenger Kälte bricht hier und da ein Ast krachend zu Boden, der das Schneegewicht nicht länger zu tragen vermag. Sonst Stille ringsum, eine Stille, wie man sie in Städten, zumal in Großstädten, niemals erlebt, und die dem durch unablässiges Geräusch überreizten Ohr ein wahres Labsal bereitet. Von den gefiederten Sängern, von deren Liedern der Wald im Mai und Juni laut erschallt, ist im Winter wenig oder nichts zu merken; unsere Primadonnen sind im Herbst davon geflogen und ruhen jetzt weitab südwärts auf ihren Lorbeeren und unter Palmen, und die wenigen Waldvögel, die den Winter über bei uns bleiben, sind auf einem kleinen Fouragierzuge zu den Scheunen des nächsten Dorfes auswärts beschäftigt.

Still ist's im Walde zur Winterzeit, aber so einsam, wie man sichs in der Stadt vielfach denkt, ist es keineswegs. Eben da unser Weg um die nächste Waldecke einbiegt, steigt uns der scharfe Geruch frisch brennender Kiefernscheite entgegen; Waldarbeiter sinds, deren Mittagsuppe an einem mächtigen Feuer brodelt; sie haben eine klaffende Lücke in den hochstämmigen Bestand der hundertjährigen Föhren hineingehauen und sind nun beschäftigt, die gefällten Baumriesen, deren Kronen hier und da unsere Schlitten streifen, zu bewaldrechten und zur Abfuhr fertig zu stellen. Und weiterhin finden wir schon entrindete Stämme, an denen rüstige Männer mit Hebestangen und Winden sich abmühen, um sie auf die Schleifen zu bringen und dort mit klirrenden Ketten und kräftigen Eisenhaken fest zu machen; hier werden schon die Pferde vorgelegt, und nun gehts mit Hüh und Hott unter ermunterndem Schreien und Peitschenzuspruch durch den tiefen Schnee der Waldschneise bis zur Chaussee hinab. Ein Bild, das manchen unserer Maler verlocken könnte, wenn sie vor lauter Freilichtstudien den Blick für solche Wiedergabe des wirklich Malerischen frei behielten.

Im nächsten Waldwirthshause, wo wir unsere Pferde ein wenig verschnaufen lassen und uns etwas Warmes spendiren wollen, finden wir kaum ein Plätzchen: Holzauktion mit all ihrem Forstapparat von Männern der grünen Farbe und einer nicht geringen Anzahl von schwer gestiefelten und noch schwerer bepelzten Kauflustigen, die neben dem Geschäft auch einen Spaß verstehen und ein Glas Grog zu würdigen wissen. Wir brechen bald wieder auf, zumal die Sonne untergehen will. Schon lassen ihre letzten Strahlen die rothen Kieferstämme erglühen, der Schnee auf ihren Scheiteln färbt sich rosig; breite grünliche Streifen zeigen sich westwärts am Himmel; rasch versinkt der Feuerball, bald verblaßt auch der Flammenstreifen am Horizont und schattig werden die Pfade.

Indessen ist es hohe Zeit, daß diese Betrachtungen sich dem Walde entreißen und sich draußen in und auf dem Lande umsehen.

Auf dem Lande. Deutsche Bauern. Ein norwegischer Schriftsteller, der in Deutschland lebt, hat neulich in einer deutschen Zeitung darüber geklagt, er hätte bei uns noch keine Bauern gesehen, und verlangt, man möge ihm doch deutsche Landestheile nennen, wo es welche gäbe. Entweder versteht der Herr unter einem Bauern etwas Anderes, als man in Deutschland sonst darunter versteht, oder er kennt Deutschland nur wenig. Jedenfalls muß er in den Ländern, die zum alten Niedersachsen gehören, nie gewesen sein. Gewiß hat sich in den Sitten, der Kleidung, den Bräuchen und der Wirthschaft der westfälischen Bauern manches verändert, seit Immermann das klassische Bild seines Hofschulzen entworfen hat. Aber die Hauptsache ist unverändert geblieben: frei und auf sich selbst gestellt wirthet der Hofbesitzer des Münsterlandes, der Soester Börde, der Grafschaft Mark und des ehemaligen Bisthums Minden auf seinem Hofe. Noch heute kann man, wenn man von Tecklenburg nach Ibbenbüren fährt, oder von Arnsberg nach Soest, oder von Paderborn ins Land Delbrück oder auf Niedermarsberg zu, das, was

Tacitus[1]) von den Hofstätten deutscher Bauern erzählt, in Wirklichkeit vor Augen sehen: Ihre Höfe haben sie ein Jeder für sich und weit von einander, wie Jedem eine Quelle, ein Kamp, eine Baumgruppe zugesagt hat; Jeder sorgt, daß um sein Haus reichlich Raum ist. Die Grundlagen der altgermanischen Gemeindeverfassung und Wehrordnung glaubt man noch zu erkennen, wenn man die Höfe der Vollbauern von den geringen Hütten der Hofpflichtigen, die im Schutze der Freien lebten, umgeben sieht, wenn die Oberhöfe durch ihre Lage und ihren Umfang, sowie durch Alter und Größe der sie umgebenden Eichen hervortreten, und wenn man sich vergegenwärtigt, wie, sobald der Heerruf erscholl, aus diesen einzelnen Höfen die freien Wehrmänner mit ihren Knechten und Hintersassen zum Gemeindevorstand geeilt und auf den Sammelplätzen des Gaues zusammengeströmt sind.

Gleiche Wahrnehmungen sind auch innerhalb des ehemaligen Bisthums Osnabrück, in manchen Theilen Hannovers, im Braunschweigischen, in der preußischen Altmark, in den Elbherzogthümern, auf Rügen, in den pommerschen Hägerdörfern, in der Weichsel- und Memelniederung leicht zu machen. An der friesischen „Wasserkant" haust auf den durch künstliche Aufwürfe über den Marschboden leicht erhöhten Höfen ein kerniges Bauerngeschlecht, das sich Jahrhunderte hindurch auf seinen „Plätzen" (daher der Ausdruck: ein

[1]) Germ. c. 16 colunt diversi ac discreti, ut fons, ut campus, ut nemus placuit . . . suam quisque domum spatio circumdat.

Mann auf dem Platz) gegen alle Unbilden der Elemente und der Menschen zu behaupten gewußt hat und sich noch heute als Nachkommenschaft der von Goethe besungenen freien Friesen fühlt. Im „Alten Lande" links der Niederelbe, wie in den Köögen der holsteinischen Westküste trifft man Bauern, welche den Schilderungen im Marschenbuche des Bauern H. Allmers oder den trotzigen Gestalten von Theodor Storm im „Schimmelreiter" und anderen Erzählungen als Urbilder gedient haben können.

Auch im Schwabenlande, im Markgräflerlande, im Elsaß und am Niederrhein muß der norwegische Herr sich nicht umgesehen haben, und ebenso wenig in den Isarauen und an den Bergabhängen, die aus der oberbayrischen Hochebene zu den Gipfeln der Kalkalpen aufsteigen. Ich weiß da überall manchen Ort, wo wahre Bauern sitzen, und wenige, wo es keine mehr gibt. Auch kann ich mir nicht denken, daß die kraftstrotzenden Bauerngestalten, die uns Melchior Meyr in seinen Erzählungen „aus dem Ries" so lebendig vorgeführt hat, inzwischen das Feld geräumt haben sollten.

In Ostdeutschland haben die freien Bauernschaften einen schlimmeren Stand gehabt, als im Nordwesten und im Süden; in weitem Umfange sind sie der Hörigkeit, in einzelnen vormals polnischen Gebieten der Leibeigenschaft unterlegen, und diese Unfreiheit hat, obwohl sie gesetzlich längst aufgehoben ist, doch wirthschaftlich wie social manche Spuren zurückgelassen. Aber auch im Osten ist der Wohlstand und das Selbstgefühl der Bauern im Fortschreiten begriffen. Die Ansiedler, die Friedrich der Große ins Oderbruch und auf die durch seinen rastlosen Eifer neu errichteten Bauerhöfe der Warthe-, Netze- und Weichselniederungen berief, haben in der Mark, in Posen und Westpreußen einen neuen freien Bauernstand geschaffen, an den sich nach Aufhebung der Gutsunterthänigkeit weite Kreise frei gewordener Bauern angeschlossen haben. Auch in Ostpreußen ist bei den Nachkommen jener vlämischen und niedersächsischen Colonisten, welche von den deutschen Ordensrittern ins Land gerufen wurden, der alte Hang zur Unabhängigkeit nie ganz auszurotten gewesen, und hat in den Salzburgern, denen Friedrich Wilhelm I. in Littauen und Masuren ein Asyl gegen die Unduldsamkeit ihres geistlichen Landesherrn gewährte, neue Nahrung und Ausbreitung gefunden. Dem polnischen Bauer sind die Wohlthaten der preußischen Landeskulturgesetzgebung und der für Jedermann gleiche Rechtsschutz der preußischen Gerichte gleichfalls vortrefflich bekommen.

So viel ist sicher, daß der Unterschied der ländlichen Zustände im Osten und Westen heute lange nicht mehr so groß ist, wie er vor hundert Jahren war. Heute gibt es überall in Deutschland freie Bauern, und neben vielen anderen Dingen trägt die allgemeine Wehrpflicht, in welcher der Osten dem Westen um zwei Generationen vorangegangen ist, mächtig dazu bei, die Nachkommen der früher Hörigen in ihrer Haltung und Selbstachtung wieder aufzurichten. Auch in Verbesserung der Wohnungen, der Nahrung, der ganzen Lebenshaltung hat der Osten, der freilich viel nachzuholen hatte, vielleicht noch größere Fortschritte gemacht als der Westen.

Trifft dies bei dem Bauer zu, den auch im Osten sein Besitz schon früher vor allzutiefer Niederdrückung seiner Stellung wenigstens einigermaßen schützte, so ist es noch viel mehr bei der ländlichen Arbeiterbevölkerung der Fall, die früher fast ausschließlich auf Dienste bei der Gutsherrschaft angewiesen war, heute aber in der Ausdehnung zahlreicher ländlicher Gewerbe, wie namentlich der Zuckerindustrie, ein weit ergiebigeres Feld für die Verwerthung ihrer Arbeitskraft findet. Die gesetzlich gewährleistete und durch die vierte Wagenklasse der Eisenbahnen thatsächlich ermöglichte Freizügigkeit hat für Niemanden größere wirthschaftliche Vortheile zur Folge als für den Landarbeiter, der als Sachsengänger während der Bestellzeit oder zur Rübenernte in die Zuckergegenden wandert und durch den reichlichen Lohn in den Stand gesetzt wird, sein kleines Besitzthum daheim in Oberschlesien oder Ost- und Westpreußen schuldenfrei zu bekommen oder gar zu vergrößern.

Vertiefung des landwirthschaftlichen Betriebes. Freilich hat diese Sachsengängerei für die Großgrundbesitzer des Ostens schwere Uebelstände im Gefolge; ihnen fehlen die kräftigen Arme ihrer Hintersassen gerade, wenn's am meisten noth thut, und der Mann, der draußen im Reich seine Arbeitskraft zu verwerthen gelernt hat, ist auch zu Hause geneigt, einen höheren Lohn zu beanspruchen als früher und als nach der wirthschaftlichen Lage überhaupt gewährt werden kann. Für den Großgrundbesitzer macht sich der gewaltige Umschwung, der unser ganzes Wirthschaftssystem durch die modernen Verkehrsmittel erfahren hat und noch täglich neu erfährt, am unbequemsten fühlbar. Mit der früher für zulässig erachteten Art, Landwirthschaft zu treiben, ist heute, wo der Preis des Getreides sich nach dem Angebot des Weltmarktes bestimmt, wo die vaterländische Wolle gegen die Einfuhren aus Südafrika und Australien mühsam ankämpft, nicht mehr auszukommen. Ueberall tritt intensiver, auf vollste Verwerthung der Ertragsfähigkeit des Bodens und der Arbeitskraft von Mensch und Vieh gerichteter Betrieb an die Stelle minder sorgsamer Ausnutzung; in immer weiterem Umfang kommt auch in der Landwirthschaft die Maschine in Gebrauch; die landwirthschaftlichen Gewerbe, Brennereien, Milchwirthschaften mit Butter- und Käsefabrikation, Hefe- und Stärkefabriken, haben eine früher nicht geahnte Verbreitung und Leistungsfähigkeit erreicht.

Auch für Laienaugen ist diese Aenderung des landwirthschaftlichen Betriebes in gar manchen Stücken deutlich erkennbar. Kaum auf einem Gutshofe, ja in wenigen größeren Bauerwirthschaften fehlt heute die rothe oder blaue Artillerie des vielgestaltigen Maschinenzeuges, das bei der Ackerbestellung, bei der Ernte und beim Dreschen so mannichfaltige Arbeit verrichtet. Mitten auf den Feldern sieht man die Essen der

Lokomobilen, welche die stärksten und fördersamsten dieser Eisengeräthe in Bewegung setzen. Nicht selten begegnet man auf der Landstraße Maschinen, die ihren Rundgang bei verschiedenen Besitzern machen; an manchen Orten haben sich eigene Genossenschaften gebildet, um Dampfpflüge oder Dreschmaschinen zu gemeinsamer Benutzung anzuschaffen. — Ebenso ist die durchgreifende Aenderung wahrnehmbar, welche die Feldbestellung durch die Anwendung künstlicher Düngemittel erfahren hat. Düngerfabriken, Transporte auf den Bahnen und von den Bahnhöfen aufs Land, welche den Abraum der Bergwerke und der Hütteninduſtrie als neueste Dungstoffe, wie Kainit, Phosphorschlacken u. dgl. m., den Feldern zuführen, machen sich weithin bemerklich; statt ehrlichen Mistes sieht man selbst in weitab gelegenen Wirthschaften Mineralien ausstreuen, welche nach den segensreichen Entdeckungen der Agrikulturchemie dem Boden die zur Erhaltung und zur Verbesserung seiner Fruchtbarkeit nöthigen Salze bescheeren sollen.

In rascher Folge breitet sich ferner eine Betriebsform der Milchwirthschaft aus, die früher nur in einzelnen Landstrichen angetroffen wurde: Molkereigenossenschaften kleinerer und größerer Landwirthe errichten gemeinsame Anstalten zu besserer Verwerthung der Milch, sei es, daß sie durch Verbesserung der Gefäße, der Aufbewahrungsstellen und der Transportmittel den Absatz der Milch selbst zu heben suchen, oder die altväterische Handhabung des Butterfasses und der Käsebereitung durch Centrifugalbuttermaschinen und rationelle Käsefabrikation ersetzen. Weit und breit sieht man jetzt auf der Landstraße und an den Bahnlinien die blinkenden Gefäße stehen, in denen diese Genossenschaften die Milch von der Weide oder aus den Ställen abholen und in zweckmäßig construirten Fuhrwerken entweder zum Bahnhof für den weiteren Transport zur Großstadt oder in das Molkereigebäude befördern lassen, hinter dessen hellen weiten Fenstern blitzende Maschinentheile sichtbar werden. In manchen Gegenden trifft man diese äußerlich wie innerlich einladend sauberen Gebäude in nicht allzu weiten Entfernungen von einander an; kaum wird jetzt ein Kreis, in welchem irgend namhafte Viehwirthschaft getrieben wird, ohne diese äußerst nützliche Einrichtung geblieben sein.

Am stärksten aber prägt sich von allen wirthschaftlichen Betrieben derjenige dem Auge ein, in welchem sich der Uebergang der Landwirthschaft zur Großindustrie am weitesten und unzweideutigsten vollzogen hat, die Zuckerfabrikation. Noch ehe der Schornstein der Fabrik sichtbar wird, thut sich ihre Nähe in weitem Umkreise durch mächtige Schläge kund, auf denen im Frühjahr und Sommer lange Reihen von Arbeitern und Arbeiterinnen mit dem Behäufeln und Ausziehen der jungen Rübenpflanzen beschäftigt sind, während sich im Spätsommer bis in den beginnenden Winter hinein die hoch aufgeschossenen Wedel der kraftstrotzenden Wurzel an einander drängen und Meister Lampe und seiner zahlreichen Nachkommenschaft eine, freilich nicht ungestörte Weide bieten.

Leichte Schienengeleise werden neben der Landstraße sichtbar, auf denen man zur Erntezeit die gewonnenen Rüben entweder direkt zur Fabrik oder zum nächsten Bahnhof transportirt; an den Bahnhöfen bezeichnen Inschriften die Stelle, wo diese Transporte abgenommen und die Rüben gewogen werden. Die tief aufgefahrenen Wege legen Zeugniß davon ab, in welchem Umfange zu diesen Transporten während der Zuckercampagne auch Wagen und Pferde herangezogen werden. Die Fabrikanlagen selbst sind so umfangreich, die zu den verschiedenen Stadien der Zuckererzeugung erforderlichen Maschinen so kostbar, und der ganze Betrieb ist technisch wie kaufmännisch so gestaltet, daß er kaum irgendwo noch als Nebengewerbe einer einzelnen Gutswirthschaft gehandhabt werden kann, sondern durch Gesammtunternehmungen, am häufigsten in der Form von Aktiengesellschaften ausgeübt wird.

Zu einem Welthandelsartikel geworden, ist der Zucker in seinem Preise und seinen Absatzbedingungen naturgemäß Wechselfällen von tiefgreifender Bedeutung unterworfen. Die günstigen Ergebnisse, die seit der fortschreitenden Ausnutzung des Zuckergehaltes der Rübe den älteren Zuckerfabriken in Mitteldeutschland, namentlich im Magdeburgischen, Braunschweigischen und in Niederschlesien, zu Theil wurden, haben zu einer Vervielfältigung der Fabrikenzahl und zu einer Ausdehnung der Zuckerindustrie über ganz Nord- und Ostdeutschland geführt, die nicht ohne nachtheilige Wirkungen geblieben ist, namentlich seitdem dem deutschen Zucker der ausländische Absatz durch Mitbewerb anderer Länder, Zollschranken und sonstige hier nicht zu erörternde Hindernisse erschwert wird. Manche Hoffnung ist unerfüllt geblieben oder hat sich zu bitteren Verlusten umgewandelt; manchen Schornstein sieht man auch während der Campagne feiern; hier und da hat der Betrieb dauernd eingestellt werden müssen. Aber der Nutzen, den die deutsche Landwirthschaft aus der Ausbreitung der Zuckerindustrie gezogen hat und trotz der augenblicklich minder günstigen Chancen noch fortwährend zieht, beschränkt sich keineswegs auf den unmittelbaren Gewinn, der ihr aus diesem Gewerbebetrieb zufließt. Vielmehr hat der Rübenbau durch die tiefgehenden Pflüge, die er verlangt, eine Aufschließung des Bodens und eine Energie der Landbestellung zur Folge gehabt, welche die Ertragsfähigkeit des Ackers erhöht und auch außerhalb der Rübenbezirke lebhafte Nachahmung hervorruft.

Aber nicht blos in den mannichfaltigen Formen der Großindustrie tritt die wachsende Vertiefung des landwirthschaftlichen Betriebes zu Tage; sie wird auch dem flüchtigen Beschauer wahrnehmbar in Erscheinungen, die recht eigentlich dem kleinen, ja dem kleinsten Betriebe eigenthümlich sind, und in denen Goethes schönes Wort:

> Fruchtbar ist der kleinste Kreis,
> Wenn man ihn zu nutzen weiß,

bei uns in Deutschland eine wachsende Bethätigung erfährt. Hierher sind die Fortschritte zu zählen, die der deutsche Obstbau sowohl in Veredelung der verschiedenartigsten Obstarten und Sorten als in Einführung ertragreicher Anbauformen — Spalierobst, Zwergbäume u. dgl. mehr — in ganz erstaunlichem Umfange erfährt, und die in vorzüglich geleiteten Obstbaumschulen durch Anleitung, Vorbild und praktische Unterweisung nachhaltig gefördert werden. Wer durch den Rheingau reist, möge nicht versäumen, einige Stunden zu einem Besuch der Obstbaumschule in Geisenheim zu verwenden und sich die Einrichtungen, die Lehrmittel und vor Allem die Versuchsgärten dieser mit Recht berühmten und zahlreich besuchten pomologischen Musteranstalt zeigen zu lassen. Ihr Wirkungskreis ist neuerdings in zweckmäßigster Weise durch Entsendung von Wanderlehrern erweitert worden, welche die Verbesserungen des Obstbaues auch entfernteren Landgemeinden zugänglich machen. Wie sehr diese Verbesserungen am Rhein selbst fördernd auf Obstzucht und Anbau von Edelgemüsen eingewirkt haben, davon kann sich jeder Reisende leicht überzeugen. Ein solches Kirschenparadies, wie ich es im Juni 1894 auf der Fahrt von St. Goarshausen nach Niederlahnstein angestaunt habe, ist mir kaum irgendwo vorgekommen. In Kestert, Camp, Osterspai und wie all die freundlichen Orte am rechten Rheinufer heißen, sah man vor Kirschen die Bäume kaum. Und Tags zuvor waren mir in den Packkammern der Postämter zu Erbach, Hattenheim, Oestrich, Winkel und den sonstigen erlauchten Weinorten des Rheingaues die Mengen gleichartiger Päckereien aufgefallen, die dort eingeliefert waren und zum Versandt bereit lagen. Auf meine Frage erfuhr ich, daß sie sämmtlich Spargel enthielten, dessen Anbau im Rheinthal erst seit einigen Jahren in so erheblichem Umfange betrieben wird. — Gleiches ließe sich aus manchem Gebiete von Mitteldeutschland berichten. Wäre Vollständigkeit ein Ziel dieser Betrachtungen, so würde bei diesem Kapitel des Hopfenbaues zu gedenken sein, durch dessen Einführung und rationellen Betrieb den Landwirthen der Kreise Buk, Neutomischl u. s. w. in Posen eine Quelle einträglicher Verwerthung mäßigen Bodens erschlossen worden ist. Bei einer Bereisung des Kreises Sensburg habe ich vor einigen Jahren bemerkt, daß man auf ostpreußischen Waldlichtungen den Versuch macht, diese Form landwirthschaftlichen Kleinbetriebes auch in den fernen Nordosten zu verpflanzen. Zu erwähnen wären ferner die sichtlichen Erweiterungen und Verbesserungen der Bienenzucht, die man in den verschiedensten Theilen Deutschlands bemerken kann und die mir noch vor wenigen Wochen bei einer mehrtägigen Fahrt durch den Regierungsbezirk Bromberg, manchmal in sonst wenig einladenden Oertlichkeiten, angenehm aufgefallen sind.

Räumliche Erweiterungen. Darf man sich nach alledem auf Reisen häufig über die Wahrnehmung freuen, daß der Betrieb unserer Landwirthschaft nach den verschiedensten Richtungen in einer ihren Ertrag steigernden Vertiefung begriffen ist, so bietet sich unterwegs mancherlei Gelegenheit, auch die Fortschritte ihrer räumlichen Ausdehnung zu beobachten.

Durch umsichtig erkannte und beharrlich ausgeführte Meliorationen wird in vielen Niederungen Unland, welches durch Unwegsamkeit und schlechte Ausdünstungen lediglich ein Hinderniß, ja eine Gefahr für die Umgegend war, entwässert, befestigt, in Wiesenland umgewandelt oder unter den Pflug gebracht. Durch die Dammkultur nach Rimpau's Methode sind Tausende von Hektaren sumpfiger Moorniederungen ausgetrocknet und in lohnende Stätten menschlichen Fleißes umgeschaffen worden. Das wilde Moor, das sich neben der Chaussee von Heidekrug nach Ruß meilenweit hinzog und als Schlupfwinkel für allerlei Gesindel im übelsten Rufe stand, hat sich durch die in den siebziger Jahren in Angriff genommene und in ständiger Arbeit durchgeführte Melioration zu einer Colonie umgestaltet, deren Gedeihen, als ich sie im Herbst 1888 besichtigte, von den verschiedensten Seiten als gesichert bezeichnet wurde. Ebenso macht die Kultivirung der ostfriesischen Hochmoore, deren Moorbrände bis vor wenig Jahren die weithin empfundene Plage des Heerrauchs verbreiteten, durch die von der Moor-Versuchsstation zu Bremen eingeleiteten Versuche, die eine gründliche Bearbeitung der oberen Moorschicht mit energischer Kalkzufuhr und reichlicher Düngung mit Stickstoff, Kali und Phosphorsäure verbinden, neuerdings vielversprechende Fortschritte. Es sind auf diese Weise gleich im ersten Jahre auf ganz rohem Moor ausgiebige Ernten an Roggen, Kartoffeln und Hülsenfrüchten erzielt worden, und man hofft, daß es durch die Nachahmung, welche diese Versuche bei den für Neuerungen sonst wenig zugänglichen Moorbauern gefunden haben, und durch die von der Centralmoorcommission angeregte Mitwirkung der hannoverschen Provinzialverwaltung gelingen wird, die Colonisation der ausgedehnten Hochmoorstrecken rechts und links der Ems zu beschleunigen und auf diesen jetzt fast kulturlosen öden Flächen gedeihliche wirthschaftliche Zustände zu schaffen.

Wer auf der Landstraße von Eupen nach Montjoie fährt, der kommt, nachdem er die Laubhallen des weit nach Belgien hineinreichenden Herzogswaldes verlassen hat, auf eine Hochebene, die, durch den tiefen Einschnitt des Roerthales nur wenig unterbrochen, sich meilenweit bis in das preußische Wallonenland nach Malmedy hinzieht. Es ist das Hohe Veen der Eifel, ein Landstrich, wie geschaffen, um nach Goethes Wort „Begriff von Oed' und Einsamkeit" zu geben. Nichts als hellbraune sandige Heide und dunkelbraunes Torfmoor, weitum keine menschliche Ansiedelung; die Schutzdächer der Torfarbeiter, denen ich an einer oder der anderen Stelle begegnete, sehen wie Schlupfwinkel für Troglodyten aus. Hinter Montjoie tritt die von Aachen nach Trier führende Eisenbahn in diese Wüstenei ein. Zwischen den Stationen Kalterherberg und Sourbrodt (bisher nomen et omen!) ändert sich das Bild. Ausgedehnte Torfstiche, Moorkulturen, Ziegelbrennereien, ländliche und Fabrikbauten werden sichtbar und gruppiren sich in der Nähe des Bahnhofes von Sourbrodt zu einer umfangreichen Niederlassung. Das sind die „gemeinnützigen Anlagen“, die durch die Energie und die Umsicht eines verdienten Offiziers, des Obersten von Giese, seit etwa sechs Jahren ins Leben gerufen sind und die, wenn ihr Fortgang den Anfängen entspricht, der Kernpunkt einer umfassenden Kultivirung des Hohen Veen werden können. Oberst von Giese, der bei seiner gemeinnützigen Thätigkeit durch die reichen Geldmittel eines der bedeutendsten Großindustriellen Deutschlands, des verstorbenen Geh. Commerzienrathes Gruson unterstützt worden ist, hat in einer soeben erschienenen Flugschrift[1]) darauf hingewiesen, daß wir in Deutschland noch etwa fünfhundert Quadratmeilen Oedländereien haben; er bezeichnet die Wiedergewinnung dieses mächtigen Areals für Landwirthschaft und Gewerbebetrieb als eine Kulturaufgabe ersten Ranges, und er verspricht sich eine wirksame Förderung der Arbeit namentlich davon, daß die Oedlandcolonien, wie dies in Sourbrodt der Fall ist, mit den großen Uebungslagern des deutschen Heeres in Verbindung gesetzt werden.

Handelt es sich bei derartigen Meliorationen darum, Oedländereien in Kulturboden umzuwandeln, so wird durch die methodische Beförderung und Erhaltung der Anlandungen, welche die Nordsee im Spiel der Ebbe und Flut an den ost- und westfriesischen Küsten ansetzt, dem Meere geradezu neues Land abgewonnen. Vor den mächtigen Deichen,

[1]) Cultur und Colonisation der deutschen Oedländereien im militärischen und bürgerlichen Interesse. Aachen, November 1895.

welche die dahinter liegenden Marschen vor verderblichen Fluteinbrüchen schützen, dehnt sich an der Emsmündung und an der westholsteinischen Küste ein Vorland aus, welches vom Meere in den Flutzeiten meist bis an den Fuß des Deiches bedeckt, während der Ebbe hingegen weithinaus freigelassen und durch den Niederschlag der von den zurückweichenden Wellen zurückgelassenen Schlicktheile allmählich erhöht wird. Seit länger als einem Jahrhundert haben die Marschleute sich daran gemacht, diese Anlandungen durch Ziehung von Gräben, Aufwerfung von Beeten u. s. w., zu befördern und ihren Wiederabbruch durch anfangs leichte Wehren, später aber, wenn der Boden durch Pflanzenwuchs sich mehr befestigt hat, durch Eindeichung zu verhindern. Wer von Emden aus die Polder besucht, innerhalb deren der Landzuwuchs sich allmählich vorschiebt, oder wer in Westholstein von Husum, Marne oder Wilster aus sich in die Kööge begibt, in deren Nacheinanderfolge sich dort die Siegesstationen dieser friedlichen Eroberung darstellen, der hat in Wirklichkeit vor Augen, was Goethe im zweiten Theil des „Faust“ als der Weisheit letzten Schluß und als letztes Ziel von Faust's Thatendrang schildert:

Grün das Gefilde, fruchtbar; Mensch und Herde
Sogleich behaglich auf der neuen Erde . . .
Im Innern hier ein paradiesisch Land,
Da draußen rase Flut bis auf zum Rand,
Und wie sie nascht, gewaltsam einzuschießen:
Gemeindrang eilt, die Lücke zu verschließen . . .

Auf den Köögen, durch deren Eindeichung im vorigen Jahrhundert diese Wiedergewinnung festen Marschbodens in Ditmarschen eingeleitet wurde, sitzen als reiche Gutsbesitzer hier und da noch die Abkömmlinge der ersten Colonen, die sich auf diesem Neuland anzusiedeln den Muth hatten. Jetzt ist der Hauptdeich bereits weit über ihre Fettweiden, „wo des Marsen Rind sich streckt“, und ihre Weizenfelder hinaus vorgeschoben; neue Eindeichungen haben sich vorgelegt und wiederholen denselben Werdegang. Vor den am weitesten vorgerückten Außendeichen dehnt sich der Queller aus, die in der Landbildung begriffene Fläche, auf deren feuchtem Schlick eben der erste leichte Pflanzenwuchs, der Krückfuß, ergrünt. Gräben ziehen sich seewärts, in deren Sohle der durch die Flut neu zugeführte Sinkstoff sich ansammelt; dann werden sie ausgehoben, die zwischenliegenden Beete erhöhen sich. Nun kommen stärkere Pflanzen, die der noch weichen Unterlage nach und nach festeren Halt geben; es zeigt sich das wehrhafte Queller- oder Hellergras, nach dem die ganze zwischen Land und Wasser noch immer streitige Fläche benannt wird, und nach dessen Auftreten das Land den Proceß halb gewonnen hat. Denn bald macht der Krabbenfänger, der bisher nach der Flut in den Quellergräben seine leichte Beute eingesammelt und durch Kochen an Ort und Stelle transportfähig gemacht hat, dem Hirten Platz, und mit der Aufwerfung von Schutzwehren, welche die Flut von dem neuen Weideplatz abwehrt, ist die künftige Eindeichung und dauernde Verlandung des neuen Kooges eingeleitet. So wird der Nordsee, welche den Friesen durch die furchtbaren Einbrüche am Dollart und an der Jade vor Jahrhunderten in wilden Sturmnächten weite Strecken fruchtbaren Landes entrissen hat, und welche die dem Festlande vorliegenden Ketten der ost- und westfriesischen Inseln und Halligen noch jetzt durch unablässiges Abbröckeln bedroht, in langsamer, aber erfolgreicher Arbeit ein Theil des Raubes wieder abgewonnen.

Auf deutschen Gutshöfen. Aber bevor wir das Land verlassen, wollen wir uns auf deutschen Gutshöfen noch etwas näher umsehen. Auch dem Reisenden, welcher sie nur vom Vorüberfahren kennt, bieten sie einen erfreulichen Anblick dar. Weite Schläge, auf deren Fruchtgefilden sich zur Zeit der Bestellung und bei der Ernte lange Reihen von Gespannen und von Feldarbeitern thätig zeigen, wechseln mit langausgedehnten Wiesengründen, in denen sich's Schaaren von wohlgestalteten und wohlgenährten Rindern bequem machen. Nun wird der Gutshof sichtbar. Wir unterscheiden das Herrenhaus, einen einstöckigen Bau, dem jedoch die Höhe und Weite der Fenster und das stattlich aufragende Mansardendach herrschaftlichen Charakter aufprägen. Ihm schließen sich umfangreiche Wirthschaftsgebäude an; Stallungen, Scheunen, die Inspektorwohnung, der Schornstein bezeichnet das Brennereigebäude. An das Gutshaus schließt sich ein Garten mit alten, hohen Baumgruppen und weiten Rasenflächen, der vielfach in englische Parkanlagen übergeht und ohne sichtbare Begrenzung ins Freie führt. Hier und da ist die Front des Gutshauses durch einige besonders hervorragende Baumwipfel ausgezeichnet, eine riesige Linde breitet ihre mächtige Krone davor aus, oder ein paar stolze Edeltannen stehen wie Schildwachen da; nicht selten bezeichnet eine wohlgepflegte Allee den Weg, der das Gutshaus mit der Kirche des nahe gelegenen Dorfes verbindet.

Die Züge dieses Bildes, das in den vorwiegend ackerbautreibenden Provinzen östlich der Elbe jedem Eisenbahnreisenden geläufig ist, gewinnen für den, der zu Wagen reist, natürlich an Schärfe und Gelegenheit zu Einzelbeobachtungen. Er, den sein Weg in der Regel unmittelbar am Gutshofe vorbeiführt, nimmt mit Vergnügen wahr, in wie gutem baulichen Zustande sich das ganze Gehöft, seine Umwehrungen, Zäune, Stackete, die Brücken über die kleinen Wasserläufe, die Wegweiser, Aushängetafeln u. dgl. befinden. Namentlich in der äußeren Erscheinung der Wirthschaftsgebäude tritt seit einer Reihe von Jahren eine im Steigen begriffene Sorgfalt, ja Eleganz der Bauausführung zu Tage. Nicht daß unnöthiger und unangebrachter Luxus getrieben würde; aber in der Wahl und in der Abwechselung des Materials, in der Gliederung der Bauten, in Ausbildung der Eisentheile u. s. w. gibt sich ein Stilgefühl und eine Sicherheit in der Technik kund, die auf das Unzweideutigste erkennen lassen, daß die ländlichen Bauten von den Fortschritten der Architektur und des Bauhandwerks nicht unberührt bleiben. Ich kenne manchen

Gutshof, dessen Wirthschaftsgebäude durch die schlichte Gediegenheit ihrer Ausführung von dem Geschmack des Besitzers und dem Geschick der Bauleute gleich ehrenvolles Zeugniß ablegen. In manchen Gegenden wird sogar in zweckankündender Ornamentik bei ländlichen Gebäuden ein gewisser Sport getrieben. Pferde- und Stierköpfe aus gebranntem Thon schmücken die Giebel und die Eingangsthüren der betreffenden Ställe; auf der Wetterfahne über dem Pferdestall reitet ein Ulan, die Blitzableiter stehen auf kunstvoll durchgebildeten Sockeltheilen. Das Taubenhaus in der Mitte des Hofes ist zu einem Zierbau guter Holzarchitektur ausgebildet.

Mit der Pracht englischer Edelsitze können unsere deutschen Gutshöfe sich trotz dieser unverkennbaren Fortschritte nicht messen. Die Schlösser der großen Adelsfamilien der britischen Inseln, etwa Arundel Castle, der Stammsitz der Herzöge von Norfolk, oder Warwick Castle, das seit acht Jahrhunderten den Grafen von Warwick gehört, oder Hatfield House, das vornehmste Besitzthum der Cecils, deren jetziger Chef, Marquis von Salisbury, als Führer der Konservativen wiederholt Premierminister des Inselreiches gewesen ist, zählen zu den Nationalheiligthümern Albions; durch die Fülle ihrer bis in die Zeit der Tudors und der Plantagenets zurückreichenden Erinnerungen, durch den Reichthum und die Mannichfaltigkeit der Kunstschätze, die sich in jahrhundertelangem, ungestörten Familienbesitz angehäuft haben, bilden sie Anziehungspunkte für zahlreichen Fremdenbesuch; die Hauptzüge ihrer Architektur und der sie umgebenden

Parkscenerien sind jedem Briten mindestens aus den Abbildungen und Beschreibungen bekannt, welche die Graphic, die Illustrated News ꝛc. von our english Homes zu bringen pflegen.

Der deutsche Adel ist, wie unser Vaterland überhaupt, unter eine schärfere Scheere genommen worden. Während Englands Boden seit Wilhelm dem Eroberer von keinem fremden Feinde betreten worden, seit den Tagen der Stuarts auch von inneren Unruhen im Wesentlichen verschont geblieben ist, haben die meisten Theile Deutschlands bis in das gegenwärtige Jahrhundert hinein den Feind wiederholt und lange im Lande zu erdulden gehabt. Was während des dreißigjährigen Krieges aus deutschem Gutsbesitz als Beutestück ins Ausland gewandert, was von Schweden, Russen, Franzosen im 17., 18. und 19. Jahrhunderte verbrannt und zerstört worden ist, läßt sich schwer schätzen. Es gibt preußische Provinzen, in denen ganze Generationen von Gutsbesitzern unter den Kriegsleistungen der Franzosenzeit hart gelitten haben, und in denen erst die Enkel sich von den schweren Opfern, die ihre Großväter damals bringen mußten, zu erholen vermochten.

Dazu kommt, daß die englische Erbfolgeordnung den Landbesitz und das Familienvermögen überhaupt viel schärfer in der Hand des Erstgeborenen zusammenhält, als es in Deutschland Recht und Sitte ist. In Deutschland zersplittert sich in vielen Fällen, bei denen in England das ausschließende Recht der Erstgeburt zur Geltung kommt, das Vermögen und in

Folge dessen der Grundbesitz; hingegen vererbt sich das Adelsprädikat und in den meisten Fällen auch der Grafen- und Freiherrentitel in Deutschland auf alle Nachkommen, während die Enkel des englischen Herzogs oder Marquis, wenn sie nicht vom ältesten Sohne abstammen, bereits wieder zur titellosen Gentry gehören und an bürgerlichem Erwerb durch keine Adelsbezeichnung gehindert werden. Endlich gehören in England Geschlechter zum Landadel, die in Deutschland vermöge unseres besonderen Entwickelungsganges Landeshoheit erlangt und zu behaupten verstanden haben, oder die wenigstens erst vor nicht langer Zeit aus der Stellung als Reichsunmittelbare in die mediatisirter Standesherren übergetreten sind.

Im Besitz dieser Geschlechter sind auch in Deutschland Schlösser zu finden, die sich in manchem Betracht jenen englischen Adelssitzen an die Seite stellen lassen. Etwa Heiligenberg, das auf waldiger Höhe thronende Kastell des Fürsten von Fürstenberg, mit der prachtvoll wiederhergestellten Schloßkapelle und dem imposanten Saal, dessen Holzdecke zu den schönsten ihrer Art gezählt wird, und aus dessen Fenstern man weit über die blühenden Gefilde des Linzgaues auf den Bodensee und über ihn hinweg zu den weißen Häuptern der Alpen hinüber schaut. Oder die Residenz des Fürsten von Bentheim-Steinfurt in Burgsteinfurt mit dem Bagno, dem waldartigen Park, dessen köstlicher Baumwuchs und blühende Wiesen den Bewohnern der nahegelegenen alten Bischofstadt Münster einen vielbesuchten Sonntagsausflug gewähren. Oder Braunfels, der Fürstensitz des weitverzweigten Geschlechtes der Solms, vor einigen Jahrzehnten nach Zeichnungen des zu früh verstorbenen hannoverschen Architekten Oppler auf das Trefflichste wiederhergestellt, eine Perle des an landschaftlichen Schönheiten wie an historischen und kunstgeschichtlichen Erinnerungen überreichen Lahnthals. Oder das stolze Schloß der Stolberge, das über der gastfreundlichen Harzstadt Wernigerode auf ragendem Burgfelsen seine mittelalterlich wehrhaften Thürme und Mauern erhebt. Auch der zu neuem Glanze wiedererweckte Stammsitz des weitverbreiteten Geschlechtes der Arnim, Schloß Boytzenburg in der Uckermark, darf hierher gezählt werden.

Und wenn wir vorhin der Kunstschätze gedacht haben, welche in manchem englischen Adelssitz als altererbter Familienbesitz sorgsam gehütet und nicht selten mit fürstlich reichen Mitteln vermehrt werden, so wird, um nur ein deutsches Beispiel zu erwähnen, jeder Besucher des Schlosses Beynuhnen im Kreise Darkehmen mit dankbarer Freude an den Genuß zurückdenken, den ihm die Besichtigung der von einem kunstsinnigen ostpreußischen Gutsbesitzer, Fritz von Fahrenheid, mit feinem Verständniß gesammelten klassischen Marmorbildwerke und anderer herrlicher Kunstwerke bereitet hat.

Glücklicher Weise sind unsere deutschen Gutshöfe den englischen in einem für die gesammte Landeskultur noch wichtigeren Punkte weit überlegen: sie sind geblieben, was jene zum großen Theile nicht mehr sind, nämlich wirkliche Gutshöfe, deren Herren ihren Grundbesitz in der Regel selbst bewirthschaften und mit ihren Familien das ganze Jahr hindurch oder doch den größten Theil des Jahres auf ihrem Gute wohnen. Ein Absentismus, wie er beim irischen Großgrundbesitz die unheilvolle Regel bildet, und wie er bei der erschreckend kleinen Zahl von Landeigenthümern in ganz Großbritannien immer stärker um sich greift, gehört in Deutschland nahezu überall zur seltenen Ausnahme. In dem ausgedehnten Domänenbesitz wird der Eigenthümer durch die der Wirthschaft mit voller Autorität und mit Einsetzung großer Verantwortlichkeit selbständig vorstehenden Großpächter ebenbürtig vertreten; die Zeitdauer dieser Pachtungen und das zu ihrem Betriebe erforderliche Kapital führen von selbst dahin, daß sich in ihnen ganze Geschlechterfolgen zu succediren pflegen, die in wirthschaftlicher Bedeutung und socialer Stellung mit den Besitzern der benachbarten Güter auf gleichem Fuße stehen. Wenn hier von deutschen Gutshöfen gesprochen wird, sind die Amtshöfe unserer großen Domänen, auf denen die um die Landwirthschaft hochverdienten Dynastien unserer Oberamtmänner und Amtsräthe wirken und schaffen, ausdrücklich mit einbegriffen.

Wer Gelegenheit hat, sich den Wirthschaftsbetrieb eines großen Gutes anzusehen und an dem Leben auf einem deutschen Gutshofe als Gast theilzunehmen, sollte sie nicht versäumen. Ich rechne die Tage, die ich seit meiner Jugend auf schlesischen, brandenburgischen, preußischen und braunschweigischen Gütern habe zubringen können, zu meinen liebsten und lehrreichsten Erinnerungen. Die feste Ordnung, welche das Ineinandergreifen von Menschen-, Thier- und Maschinenkräften zur Verrichtung der verschiedenartigen Arbeiten regelt, die kluge Disposition, die sichere Leitung, der Gleichmuth bei unvermeidlichen Widerwärtigkeiten und die Entschlossenheit bei Abwehr vermeidlicher Störungen, die angemessene Behandlung des Personals in seinen Abstufungen vom Wirthschaftsinspektor und der Mamsell bis zum Hütejungen und zum Gänsemädchen: das Alles bildet eine Schule für den Charakter, die es begreiflich macht, daß tüchtige Landwirthe sich nicht selten in umfangreichere Aufgaben der Staatsverwaltung oder des politischen Lebens leicht hineinfinden. An der Handhabung der Verwaltung ist der Gutsherr ohnedies als Amtsvorsteher, als Kirchen- und Schulpatron, als Mitglied des Kreistages oder als Vertrauensmann seiner Standesgenossen im Provinziallandtage, bei den ländlichen Krediteinrichtungen ꝛc. in mannichfaltiger Weise persönlich betheiligt. Leitet er seine Wirthschaft selbst, so wird der Gast seiner außerhalb der Mahlzeit nicht leicht habhaft werden, wenn er ihn nicht zu Pferde oder im leichten Jagdwagen auf der Inspektionstour durch die Felder und zu den Vorwerken hin begleitet.

Die Gutsherrin hat mit der Leitung des großen Hausstandes, mit Verwaltung der Milchwirthschaft, mit der Oberaufsicht über den Garten u. dergl. ebenfalls eine nicht unbeträchtliche Tagesleistung zu bewältigen. Trotzdem schließt sie sich gern an, wenn der Gutsherr den Gast zu einer Besichtigung der Ställe einladet. Denn sie hat sowohl unter den Pferden und in der Fohlenkoppel, als unter der hörnertragenden Bevölkerung des weiten luftigen Rinderstalles ihre besonderen Lieblinge, für deren Vorzüge sie gegen etwa abschätzige Bemerkungen des Wirthschaftsbeamten oder der Molkereivorsteherin nachdrücklich einzutreten bereit ist. Und der Stall — ich hätte beinahe gesagt der Salon —, in welchem der allgemeine Stolz des Gutshofes, die Zuchtschweine, sich ihres Daseins erfreuen, ist von einer solchen Sauberkeit, daß jede Dame ihn ungestraft betreten darf. Der Städter aber, der solche Ställe zu besuchen gewürdigt wird, verläßt sie mit einer viel höheren Idee von der wirthschaftlichen und socialen Bedeutung des Borstenviehes.

Unsere gnädige Frau weiß indessen nicht blos in den Ställen, im Milchkeller und in der Küche, in den Blumenbeeten und Zwergobstgängen ihres Gartens gut Bescheid. An ihrem Tisch, an dem die jungen Oekonomiker mit den weißen Stirnen und braunen Gesichtern in sauberstem Anzug sichtbar werden, stehen Gespräche über Yorkshire- und Shorthornrassen oder andere landwirthschaftliche Fragen nicht hoch im Kurse. Wirth und Wirthin haben die Welt gesehen, kennen den Strand von Norderney so gut wie die Riviera, das Burgtheater und den Münchener Ausstellungspalast; die Bayreuther Aufführungen und die Festspiele im Oberammergau bieten ihnen Vergleichungspunkte mit den Leistungen der Berliner Künstler. Ihre ausgebreitete Verwandtschaft bringt sie mit tonangebenden Personen des Hofes, der Regierung, der politischen Kreise in mannichfache Berührung. Der Gutsherr hat bei den Dragonern oder Ulanen gedient; er gehört noch jetzt zum Regimentsverbande; seine Jugendgefährten haben als Berufsoffiziere hohe Chargen in der Armee erreicht und zählen zu seinen willkommensten Jagdgästen. Nach aufgehobener Abendtafel zeigt er, daß er von der Meisterschaft im L'hombre, von der vorher scherzweise die Rede war, nichts eingebüßt hat; die Stimme seiner Gemahlin, die sich in Begleitung eines Klaviervirtuosen unter ihren jungen Herren vernehmen läßt, hat vielleicht nicht mehr den früheren Jugendschmelz, wohl aber gute Schulung bewahrt, und in der Wahl der vorgetragenen Stücke zeigt sich, ohne die Neueren auszuschließen, klassischer Geschmack.

Was ein solcher Hausstand gesellschaftlich für seine ganze Umgebung bedeutet, leuchtet ohne Weiteres ein. Aber nicht darin allein liegt seine Stärke. Sie beruht in noch höherem Maße in den vielfältigen Einwirkungen, welche von dem Gutsherrn und seiner Familie auf das zahlreiche bei der Bewirthschaftung des Gutes betheiligte Personal und auf die gesammte Nachbarschaft ausgehen. Heutzutage, wo das Unterthänigkeitsverhältniß längst gelöst ist und zwischen dem Gutsherrn und den Gutsarbeitern völlige Gleichheit vor dem Gesetze besteht, können sich diese Einwirkungen nur auf das Uebergewicht stützen, welches von der höheren Bildung, der umfassenderen Einsicht und der besseren ökonomischen Lage verliehen wird. Aber diese Faktoren reichen in den meisten Fällen vollkommen aus, um dem Gutsherrn einen sehr nachhaltigen und, wenn im richtigen Sinne ausgeübt, sehr wohlthätigen Einfluß auf seine Umgebung zu sichern. Ist er nicht blos nach Herkunft und Erziehung, sondern auch nach Lauterkeit der Gesinnung und nach Reinheit der Zwecke der erste Gentleman seines Kreises, so wird sein Beispiel erziehlich auf die kleinen Besitzer, die Bauern, die Hintersassen und die Gutsarbeiter einwirken. Sein Beispiel wird sie namentlich belehren, daß von unseren Hausthieren durch gute Behandlung höhere Kraftleistungen zu erlangen sind, als durch unnöthiges Schelten und Schlagen oder gar durch rohe Mißhandlung. Eine richtige Gutsfrau aber wird auch jetzt noch, wie in den Tagen des alten patriarchalischen Verhältnisses, die Vertraute und die Helferin aller Nothleidenden ihres Gutsbezirks, die beste Bundesgenossin des Arztes und des Geistlichen im Kampfe mit leiblichem und geistigem Elend, das Vorbild der Hausfrauen und die gütige Beschützerin der aufwachsenden weiblichen Jugend sein.

Zu diesen humanen Einwirkungen kommt die wirthschaftliche Anregung, welche von dem Gutshofe auf die Verbesserung des landwirthschaftlichen Betriebes seiner gesammten Umgegend ausgeübt wird. Von den Guts- und Amtshöfen aus sind die Fortschritte der Agrikulturchemie in die Praxis eingeführt und bis in den bäuerlichen Betrieb ausgebreitet worden; von ihnen gehen die Versuche mit besserem Saatkorn, mit lohnenderen Grasarten aus; bei dem schwierigen Unternehmen der Verbesserung des Viehstapels nehmen sie die führende Stelle ein. Hier ist nicht der Ort, der Verdienste im Einzelnen zu gedenken, welche sich deutsche Gutsherren und Gutspächter um die Hebung der Landwirthschaft in ihren verschiedenen Zweigen in reichstem Maße erworben haben, und die im Sommer 1894 auf der landwirthschaftlichen Ausstellung in Berlin dem großstädtischen Publikum in einem ebenso großartigen als lehrreichen Gesammtbilde vor die Augen geführt worden sind. Nur daran sei dankbar erinnert, daß die Veredelung unserer Fischzucht, vermöge deren sich mancher nord- und ostdeutsche Wasserlauf mit ihm früher unbekannten Edelfischen anfüllt, von einem neumärkischen Gutsbesitzer, dem kürzlich verstorbenen Herrn von dem Borne auf Werneuchen, zuerst im Großen versucht worden ist, und daß der Allgemeine deutsche Fischereiverein, dem Jahrzehnte lang ein pommerscher Gutsbesitzer, der Kammerherr von Behr-Schmoldow, vorgestanden hat, jetzt von einem schlesischen Großgrundbesitzer, dem Fürsten Hermann von Hatzfeldt-Trachenberg, präsidirt wird.

Mehr Land ist in Deutschland heut unter dem Pfluge als vor fünfzig Jahren, und tiefer sind die Furchen, welche der Pflug schneidet, fruchtbarer die Schollen, die er aufwirft. Ohne die Schwierigkeiten zu verkennen, welche die Veränderung der Verkehrsverhältnisse für den deutschen Landwirth mit sich bringt, wäre es doch im Widerspruch mit Allem, was man wahrnehmen kann, wenn man behaupten wollte, unsere Landwirthschaft trüge Spuren der Vernachlässigung, der Verarmung, des Verfalles an sich, oder sei gar davon bedroht, von der Großindustrie und dem mobilen Kapital aufgesogen zu werden.

Deutsche Industriebezirke. Wohl haben wir in Deutschland Districte, in denen die Industrieanlagen sich dicht an einander reihen, wo Stadt und Land von ihnen erfüllt und beherrscht sind. Kohlen und Eisen haben im Nordwesten des Regierungsbezirkes Arnsberg auf einem Areal, das kaum ein Viertel seiner Bodenfläche einnimmt, nahezu drei Viertel seiner Bevölkerung zusammengedrängt. Zechen, Hütten, flammende Hochöfen und lärmende Schmieden ringsum; wohin der Blick fällt, überall treten ihm vielgestaltige Essen entgegen, denen Nachts reichlicher Rauch mit unheimlich roth- oder weißlodernden Feuer-ansatz entströmt. Vulcanus ardens urit officinas. Auch aus den Schlackenhalden, die rings um die Werke sich zu langhingestreckten Anhöhen aufthürmen, und an deren Rande gegen den Abendhimmel sich die Silhouette der Menschen mit der Kippkarre schwarz abhebt, kräuselt heißer Dampf empor; hier und da verräth ein noch glühender Klumpen, wieviel Hitze in ihnen begraben wird. Um die Hauptmittelpunkte dieser mächtigen Industrie, um Dortmund, Bochum,

Hamm, Hagen drängen sich die Werke, die Fabriken, die Bahnhöfe mit ihren endlosen Kohlen- und Erzzügen so aneinander, daß die Grenze von Stadt und Land verschwindet; der freie Raum zwischen den einzelnen Gruppen wird immer enger. Dortmund und Hörde, Bochum und Herne, Gelsenkirchen und Schalke sind zusammenhängende Massen geworden, an welche kleinere Nachbarorte in wunderbar raschem Wachsthum anschießen. Dortmund, das seinen alten reichsstädtischen Glanz in den Stürmen des dreißigjährigen Krieges, in der Noth der Franzosenzeit völlig eingebüßt hatte und Anfangs dieses Jahrhunderts nur noch 4000 Einwohner zählte, hat jetzt über hunderttausend. Als ich Bochum im Jahre 1857 zuerst besuchte, war es eine Landstadt, deren provinzielle Benennung „Kaubokum" nicht mit Unrecht idyllisch-bukolische Anklänge wachrief; ihre Hauptsehenswürdigkeit war eine kleine Weinstube in der Nähe des Marktes, über deren niedrigem Kamin das bekannte Hasenclever'sche Bild den Besuchern vor Augen führte, daß der Verfasser der „Jobsiade", Karl Arnold Kortüm, hier beim Abendschoppen sich von den Mühsalen seiner ärztlichen Praxis zu erholen gewohnt war. Jetzt ist Bochum eine Großstadt, der Sitz eines der größten deutschen Industrieunternehmen, dessen Firma und dessen Leiter im Kampfe der politischen, socialen und gewerblichen Interessen oft auf der Bresche grimmig entbrannten Streites gestanden haben. Von woher und auf welchem Wege man auch nach Bochum kommt, oder wie immer man es verläßt:

überall eine Industrieanlage neben und hinter der andern! Gelsenkirchen war noch vor fünfundzwanzig Jahren ein unbekanntes Dorf; jetzt bildet die mächtig aufblühende Stadt, in deren Hauptstraßen Abends um die elektrisch beleuchteten Läden und Wirthschaften ein Treiben wie auf der Leipziger- oder Friedrichstraße in Berlin pulsirt, mit dem hart anstoßenden, gleichfalls riesig schnell anwachsenden Schalke, mit Braubauerschaft, Bulmke, Ueckendorf, ja Wattenscheid einen Complex von Straßen und Werken, dessen Ende nicht abzusehen ist.

Nicht minder gewaltig ist die Entwickelung, welche im unmittelbaren Anschluß an die reichen Steinkohlenlager des Ruhrbeckens die Stahl- und Eisenindustrie des angrenzenden Rheinlandes genommen hat. Man braucht die Namen Oberhausen, Ruhrort, Duisburg nur zu nennen, um bei Jedem, der diese Städte auch nur flüchtig berührt hat, bestimmte, scharf umrissene Bilder der regsten und großartigsten Gewerbethätigkeit hervorzurufen. Essen's Ruf ist durch die in der Nähe dieses altgeistlichen Sitzes — die Fürstäbtissin des Stiftes Essen hatte Sitz und Stimme auf dem Reichstage des heiligen Römischen Reichs deutscher Nation — sich ausdehnenden Werke des Kanonenkönigs Krupp weit über Europa hinaus in alle Welttheile gedrungen. Finden sich doch in dem stillen alterthümlichen Meppen Offiziere aus allen Ländern der Welt, Japaner und Chinesen, Südamerikaner und Aegypter zusammen, um den Schießproben der Gußstahlungeheuer auf dem dort gelegenen Krupp'schen Schießplatze oft Monate lang beizuwohnen.

Industriegruppen am Niederrhein. Niemand, der sich ein Bild von deutscher Industrie machen will, sollte verabsäumen, den Regierungsbezirk Düsseldorf einmal etwas eingehender zu besuchen. Auf engem Gebiet haben sich dort dicht nebeneinander und doch in scharf abgegrenzten Gruppen die verschiedenartigsten Zweige der Großindustrie, die man sonst in räumlich weit von einander geschiedenen Gebieten aufsuchen muß, in ihrer vollen Eigenart entfaltet. Wie verschieden von den ragenden Schloten der Stahl- und Eisengruppe, welche ich soeben erwähnte, ist die Anfertigung des Kleineisenzeugs, die sich in den Thälern und auf den Höhen des bergischen Landes zu hoher Vollkommenheit ausgebildet hat. In und um Solingen, Remscheid, Radevormwald tritt kaum eine Großanlage hervor; durch Hausindustrie wird der größte Theil der Solinger Klingen, der Remscheider Beschläge, Klinken u. s. w. hergestellt; die dazu erforderlichen Stampfwerke und sonstigen Maschinen werden vielfach durch Wasserkraft getrieben. „Wir sind," sagte mir vor Jahren ein Großindustrieller von der hohen Scheid, „Verleger, die für den Absatz nicht von uns verfaßter Werke zu sorgen haben." Mit welcher Energie dies Verlagsgeschäft betrieben wird, davon konnte ich mich an demselben Abend überzeugen. Denn als aus der Unterhaltung eine ungewöhnlich umfassende Bekanntschaft der Tischgesellschaft mit den entlegensten Ländern hervortrat, und ich diejenigen Herren, die schon die Reise um die Welt gemacht hätten, die Hand zu erheben bat, thaten dies Alle außer den anwesenden Beamten. Und einer der Herren bemerkte, es sei für den Absatz der Remscheider Waaren nothwendig, daß die Chefs der Handlungshäuser sich über die Geschmacksrichtung ihrer Abnehmer in Südamerika, Afrika, China und Oceanien von Zeit zu Zeit an Ort und Stelle persönlich unterrichteten.

Unmittelbar an diese Gruppe schließen sich die Webereien und Färbereien an, welche das Wupperthal mit einer fast ununterbrochenen Reihe von Fabrikanlagen ausfüllen. Von Schwelm an strecken sich in Rittershausen, in der Zwillingsgroßstadt Barmen-Elberfeld, in Wipplinghausen, Sonnborn bis nach Vohwinkel unabsehliche Straßenzüge lang aneinander, durch nahe herantretende Waldhügel oft bis hart an den Fluß zusammengezwängt. Was in diesem Häuserstrom gezwirnt und gesponnen, gewebt und geschoren, gefärbt, gebleicht und bedruckt wird, spottet jeder Beschreibung: ich kenne keine Stelle, an welcher Gewerbefleiß, Unternehmungslust und kluger, kaufmännischer Sinn so eng beisammen säße wie hier. Die Ausstrahlungen dieser riesigen Textilindustrie ziehen sich südwestwärts durch die hohe Scheid und nordwärts bis an die Ruhr durch das ganze bergische Land; sie treten in Neviges, in Langenberg, in Kettwig und Werden, in Wermelskirchen und Hückeswagen zu Tage, ja sie berühren mit beträchtlichen Anlagen die alte Landeshauptstadt, die unter Preußens Krone kraftvoll wieder erblühte Kurfürstenresidenz Düsseldorf, ohne jedoch den unverwüstlichen rheinischen Frohsinn und ohne den Künstlerglanz zu beeinträchtigen, der seit den Tagen Peters von Cornelius diese liebenswürdige und anmuthige Stadt umgiebt.

Und wieder hiervon völlig abgesondert, als vierte Gruppe, auf dem linken Rheinufer die Sammet- und Seidenindustrie, welche in Crefeld, Viersen, Rheydt, München-Gladbach das Scepter schwingt und ihre Vorposten über Dülken, Kempen und Lobberich bis Kaldenkirchen nahe der holländischen Grenze vorschiebt. Eine Organisation des Betriebes, wie sie zwischen den verschiedenen Plätzen vom Bezuge und der ersten Bearbeitung der Rohseide durch die Stadien der Spinnerei, Weberei, Musterstickerei, das Scheeren und Pressen des Sammets, die Anfertigung der Muster für jede Art seidener Gewänder, Bänder, Litzen, Borten, Schnüre, Kordeln, bis zum Absatz dieser kostbaren Erzeugnisse sich ausgebildet hat, und wie sie durch die regste Fernsprechverbindung zwischen allen Fabriken, Lagerstätten und Comptoirs auf das Wirksamste befördert wird, ist in der Welt nicht leicht wieder zu finden. In dem stattlichen Bau der vor einigen Jahren errichteten Webschule in Crefeld ist eine Sammlung von Geweben vereinigt, welche von den orientalischen Mustern ältester Kirchengewänder durch die Handstickereien des Mittelalters bis auf die neuesten Produkte der modernsten Webmaschinen die Entwicklung der Seidenweberei in zahlreichen Originalstoffen und Nachahmung von Paramenten, Altartüchern, Wandteppichen und dergleichen auf das lehrreichste veranschaulicht.

Was dem niederrheinischen Lande im wohlthuenden Gegensatz zu anderen Industriebezirken seinen unterscheidenden Charakterzug aufprägt, ist die erfreuliche Wahrnehmung, daß sich neben der allermodernsten, höchst entwickelten Fabriktechnik eine Fülle der ältesten geschichtlichen Erinnerungen und der bedeutendsten Baudenkmäler erhalten hat. Das Münster in Essen, eine der ältesten Kirchen in Deutschland, enthält in den dreifach übereinander gestellten Doppelrundbogen des Chors eine Nachahmung der von Karl dem Großen in den Aachener Dom verpflanzten Architektur von San Vitale in Ravenna; mitten aus dem Treiben der Großindustrie sieht der Besucher sich in die stille Stadt am Rande der Pineta versetzt, wo die Monumente der römisch-byzantinischen Kaiserzeit mit dem Grabdenkmal Dietrichs von Bern so viele Jahrhunderte überdauert haben. Gleichfalls bis in die Karolingerzeit hinauf reichen die Anfänge der Stiftskirche zu Werden, bis zum Jahr 1803 gleich Essen der Sitz einer reichsfreien Abtei, heute durch schwunghafte Tuchfabriken und die Nachbarschaft beträchtlicher Kohlenzechen ein lebhaft aufblühender Ort. Nahe beim Bahnhof der Nachbarschaft Kettwig wird ein epheuumsponnener Thurm als Rest der Burg gezeigt, auf welcher die Kaiserin Theophano, die griechische Gemahlin Otto's II. residirt hat und wo Kaiser Otto III., die tragische Jünglingsgestalt unter den kraftvollen Herrschern des sächsischen Hauses, geboren sein soll. Drüben auf der anderen Rheinseite erhebt sich in Neuß, an dessen festen Mauern und festem Bürgermuth zu rütteln Karl der Kühne von Burgund vergeblich versucht hat, der ehrwürdige Bau des heiligen Quirinus als eins der stattlichsten Beispiele der rheinisch-romanischen Architektur. Gleich dieser Kirche ist das Münster zu München-Gladbach, das mit seinen nahezu fünfzigtausend Bewohnern zu den industriereichsten Städten des Rheinlandes zählt, durch eine treffliche Wiederherstellung zu altem Glanze erneuert worden. Geht man gar rheinabwärts weiter bis nach Xanten, so kann man in dem Hauptsitz der römischen Militärherrschaft (Castra vetera) den Spuren des kühnen Bataverhäuptlings Claudius Civilis nachforschen, der eigentlich, wie ein gelehrtes Werk über die zahlreichen Römerfunde von Xanten mittheilt, Claas de Borger geheißen hat; man kann sich im Königsitz der Nibelungen in Erinnerungen der deutschen Heldensage versenken; ja man mag eingedenk sein, daß die Franken, die einst hier am Niederrhein gesessen haben, nach alten Volksüberlieferungen ihren Ursprung von den Trojanern herleiteten und daß

Den Ort sie nannten Xanten
Nach dem Bach in ihren Landen.

In Sachsen. Nicht in gleichem Maße erinnerungsreich, aber keineswegs ohne landschaftlichen Reiz sind die zahlreichen Industriestätten Sachsens, die sich in langhingestreckten, manchmal tief eingeschnittenen Flußthälern bis an den Kamm des Erzgebirges und bis auf die Höhen der sächsischen Schweiz und der Lausitzer Berge hinaufziehen. Hier wie in dem benachbarten Thüringen haben sich durch das Gesetz der Arbeitstheilung an manchen Orten einzelne Fabrikzweige derart ausgebildet, daß sie mit dem ihnen eigenen Artikel geradezu den Weltmarkt beherrschen. Wer in Neapel oder Sorrent, als Geschenk für die Daheimgebliebenen, seidene Handschuhe einkauft, kann ziemlich sicher darauf rechnen, daß diese zierlichen Hüllen auf sächsischen Webstühlen oder Strickmaschinen in Annaberg oder Limbach das Licht der Welt erblickt haben. In Sachsen werden die Lederpantoffeln verfertigt, die der fromme Mohammedaner an der Thürschwelle der Moschee abstreift, und ebenso die rothen Fez mit oder ohne Seidenquaste, mit denen Orientalen und Liebhaber des Orients ihr Haupt schmücken. In allen Welttheilen wird auf Holz- und Blechinstrumenten geflötet, gepfiffen und geblasen, die in Markneukirchen, hoch oben im Erzgebirge, verfertigt sind; ebenda werden auch die echt römischen Saiten für Violinen, Violoncellos, Baßgeigen, Guitarren und Harfen von sächsischen Schleimmädeln gereinigt und von sächsischen Darmmädeln gerissen. In der Packkammer des Postamts zu Markneukirchen häufen sich des Abends die klangreichsten Sendungen jeder Art und oft wunderlichster Gestalt an, um ihre Reisen nach den entlegensten Bestimmungsorten anzutreten. Da thürmen sich die Geigenkasten übereinander, in denen billige Fiedeln für Dorfmusikanten, theure Streichinstrumente für gutbesetzte Orchester und kostbare, mit unendlicher Geduld und Sorgfalt verfertigte Nachahmungen von Kunstwerken eines Guarneri oder Stradivari ihrem Werthe entsprechend sehr verschieden gebettet sind. Mißlaunige Bässe geben bei der nachbarlichen Berührung durch schlechtverhüllte Waldhörner brummige Töne von sich. In Holzfutteralen oder in Lederkitteln schicken sich Oboen, Schalmeien und Fagotte an, in den Dienst von Regimentsmusiken eingestellt zu werden. Ganz seltsame Erscheinungen stehen, nur in graues Packpapier verhüllt, an den Wänden umher; es sind Bumbässe, eine Art von Universalinstrument, auf dem gestrichen, geläutet und Pauke geschlagen werden kann, und dessen Einführung vielleicht bei der Schutztruppe in Deutsch-Afrika in Erwägung genommen werden sollte. — So verschieden wie die Reiseziele dieser bunten Gesellschaft ist auch ihre Herkunft; denn nahezu alle Welttheile sind in Contribution gesetzt worden, um sie herzustellen. Zu den Saiten der Streichinstrumente werden die Därme dänischer, schwedischer und englischer Schafe, zum Beziehen der Bogen Roßhaare aus der Ukraine und den Pampas von Südamerika gebraucht; das Tiroler Ahornholz ist für gewisse Holztheile von Blasinstrumenten das beste Material; für andere Bestandtheile sind hingegen Hölzer aus Pernambuco und Jacaranda, Mahagoni- und Schlangenholz tropischer Länder unerläßlich. Das Ebenholz zu den Griffbrettern, Wirbeln, Saitenhaltern, Dämpfern und Fröschen der Violinen und Violinbögen wird aus Madagascar, Bombay, Celebes,

Old Calabar, Mauritius und Kamerun in Mengen von jährlich 3—4000 Centnern herangebracht. — Für alle Kinder sollte der Name der Stadt Sonneberg im Thüringer Walde einen erfreulichen Klang haben, denn dort werden die Puppen erzeugt, bekleidet und erzogen, die in Europa, Amerika, Asien, Afrika und Australien die Geburtstags- und Weihnachtstische verschönern. Die beweglichen Augen der kostbareren und gebildeteren unter diesen Puppen erhalten ihren feuchten Glanz in dem thüringischen Gebirgsort Lauscha, wo jede Sorte von Glasaugen, von künstlichem Ersatz für ein verlorenes Menschenauge an bis zu den Augen ausgestopfter Vögel, auf das Vollendetste und Dauerhafteste hergestellt werden. Zu Hunderten, ja zu Tausenden, häufen sich an den Schaltern der Postämter zu Apolda, Greiz, Gera, Mylau, Zwickau, Chemnitz, Zittau die Packete, in denen wollene „Phantasie-Artikel“, Diagonaltuche und andere Erzeugnisse der thüringischen und sächsischen Textilindustrie ihre Reise nach oft sehr entfernten Absatzgebieten antreten.

In Oberschlesien. In Oberschlesien hat die Ausbeutung der reichen Steinkohlenflötze und der sie begleitenden Erzgänge, die schon in ihren Anfängen Goethe's Bewunderung erregte, Dimensionen angenommen und eine Großindustrie von Hüttenwerken aller Art hervorgerufen, welche die kühnsten Hoffnungen ihrer Begründer, des Ministers von Heinitz und des Oberberghauptmanns von Reden, weitaus überflügelt haben. Orte wie Königshütte, Laurahütte,

Borsigwerk, die schon durch ihre Namen ihren ganz modernen Ursprung verrathen, zählen Tausende und Zehntausende von Einwohnern. In Gleiwitz, Kattowitz, Beuthen, Tarnowitz, Zabrze vollzieht sich das Wachsthum der Städte und der Anschluß benachbarter Industrieanlagen mit einer Schnelligkeit, die es selbst dem, der diese Gegenden öfters bereist, nicht leicht macht, sich über den jeweiligen Zustand der Dinge unterrichtet zu halten. Es ist keine kleine Aufgabe, für die rasch zusammenströmende Berg- und Hüttenarbeiterbevölkerung, die nach ihrer überwiegend slawischen Abstammung dazu neigt, von der Hand in den Mund zu leben, geordnete Gemeindeverbände mit menschenwürdigen Wohnungen, gesundem Wasser, ausreichenden Märkten zu schaffen und neben den materiellen Bedürfnissen auch für ihre Gesittung und Bildung in Schulen und Kirchen Fürsorge zu treffen. Gegensätze, wie sie in Oberschlesien durch die Verschiedenheit der Sprache, der Confession, der wirthschaftlichen Interessen an sich in reichlichem Maße vorhanden sind und die durch politische, kirchliche und nationale Bestrebungen aller Art noch verschärft werden, sind nicht dazu angethan, diese Aufgabe zu erleichtern. Wer hier ein Staats- oder Gemeindeamt, die Leitung eines Industriebetriebs, eine Stellung im Dienste des Verkehrswesens, der Gesundheits- oder der Rechtspflege übernimmt, der tritt auf einen Posten, der an die Leistungsfähigkeit und an den Charakter, an Hingebung und Pflichttreue nicht geringe Anforderungen stellt.

Hausindustrie. Neben diesen gewaltigen Schöpfungen der modernen Großindustrie, deren Beispiele leicht zu vermehren sind, haben sich in den verschiedensten Theilen Deutschlands Betriebe erhalten, die nach altem, zum Theil ältestem Herkommen in kleinen Werkstätten, meist als Hausindustrie geübt werden. Die Handweberei in den Thälern des Riesengebirges und des Glatzer Bergkessels nimmt in einzelnen Produkten noch immer den ungleichen Kampf mit dem Maschinenleinen auf, wenngleich die Tage vorbei sind, wo die Kaufherren von Landeshut und Hirschberg u. s. w., die den Absatz der schlesischen Leinwand nach Spanien und Südamerika vermittelten, eigene Zweigcomptoire in Cadix unterhielten. Die Uhrenfabrikation im Schwarzwalde hat sich unter Benutzung aller Fortschritte der modernen Technik ihr Absatzgebiet trotz scharfer Mitbewerbung der Schweizer und der französischen Konkurrenten zu erhalten gewußt. In Furtwangen, dem freundlichen Hauptort der Schwarzwälder Uhrenindustrie, befinden sich Unterrichtsanstalten für Zeichnen, Schnitzen und Modelliren, sowie eine besondere Uhrmacherschule; auch ist dort, als Filiale der Landesgewerbehalle in Karlsruhe, eine stattliche Gewerbehalle errichtet, in welcher ständige Ausstellungen aller mit der Uhrmacherei zusammenhängenden Gewerbeprodukte abgehalten werden. In dem sogenannten Kannebäckerländchen am rechten Rheinufer, von Vallendar aufwärts in dem Seitenthal nach Grenzhausen und Höhr, werden Steinzeugkrüge, Kannen und sonstige Thongeräthe nach vortrefflichen alten Mustern und unter Verwendung einfacher Farbenwirkungen gebrannt, die der wachsenden Liebhaberei für die Verzierung der Wohnungen mit alterthümlichem Hausrath willkommene Objekte, aber auch dem Biertrinker ganz annehmbare Gefäße für den wirklichen Gebrauch zuführen. Die Achatschleifereien in Oberstein und Idar haben sich, nachdem der Vorrath an Halbedelsteinen in den benachbarten Bergen erschöpft war, durch Aufsuchung geeigneten Materials in Brasilien und in Kleinasien neuen Stoff für ihre vielbegehrten kleinen Kunstwerke zu verschaffen und die Freunde und Abnehmer derselben zu mehren verstanden. In Hanau und in Pforzheim beruht die ausgedehnte Gold- und Silberwaarenfabrikation vorwiegend auf kleinen Werkstätten, die sich, um mit ausländischen Großbetrieben wetteifern zu können, durch Theilung der Arbeit und durch geschickte Anwendung aller modernen Hülfsmittel betriebsfähig erhalten. —

An der Wasserkant'. Deutschlands Küste dehnt sich von Memel bis Emden an der Ost- und an der Nordsee in sehr beträchtlicher Länge aus; sie gehört ausschließlich dem Gebiete der Tiefebene an und entbehrt demzufolge der schroffen Bildungen, welche den Granitklippen Schwedens, der Gebirgsumrahmung norwegischer Fjorde, den Felseilanden der schottischen Küste, den Steilabhängen der Normandie und der Bretagne oder gar den zerklüfteten Terrassen der Riviera ihren pikantesten Reiz verleihen. Scenerien wie der Basaltdom der Fingalshöhle auf der Hebrideninsel Staffa, oder wie die aus der schäumenden Brandung des ligurischen Meeres aufragenden Marmorfelsen von Porto Venere wird man an deutschen Küsten vergebens suchen. Aber wer sie, wie leider viele unserer Landsleute, nur nach den Eindrücken beurtheilt, die von etlichem Badeaufenthalt in Heringsdorf oder Saßnitz, in Norderney oder Borkum haften blieben, der wird dem landschaftlichen Charakter und der ethnographischen Bedeutung unserer Wasserkante schwerlich gerecht; denn er übersieht über dem scheinbar Eintönigen ihres Gesammtbildes leicht die Fülle der Einzelheiten, die sich bei schärferem Zusehen zu einer überraschenden Mannichfaltigkeit gestalten.

Die Nehrungen. Der deutschen Küste durchaus eigenthümlich ist die Form der Nehrungen, jener sandigen Landzungen, die sich in Ost- und Westpreußen als schmale Bänder meilenweiter Dünenketten zwischen der Ostsee und den Binnenwassern der Haffe dahinstrecken. Fast hundert Kilometer lang und selbst an den minder schmalen Stellen nur wenige Kilometer breit, zieht sich die kurische Nehrung von ihrer Wurzel bei Cranz an der samländischen Küste in kühn geschwungenem Bogen bis zu ihrer Spitze Memel gegenüber gen Nordosten. Weithin schimmern, schon dem von Tilsit mit der Eisenbahn nach Memel Reisenden erkennbar, ihre Dünen, die gleich einem Sommerwolkenstreif über der blauen Flut des Haffes am Horizont sich absetzen. Wer ihr Gebiet betritt, nimmt einen starken Eindruck von der Großartigkeit ihrer Dünenbildung mit von dannen. Zerrissene, tief eingebuchtete Thäler schneiden in die Kämme und Ketten der scheinbar regellos an- und übereinander gewälzten Sandkuppen ein; hier haben sich unter dem modellirenden Hauch des Seewindes scharfe Grate, Wächten und Ueberhänge glänzenden Sandes geformt, dort hat eine wilde Sturzsee den Abhang der Düne zerfetzt und eine kraterförmige Oeffnung eingewühlt. Jedem Strandhaferbusch, jeder Kiefer sieht man es deutlich an, wie fest ihre Wurzeln sich an dies lockere Erdreich anzuklammern streben und wie sie im Kampf ums Dasein ihre Pflicht bis aufs Aeußerste zu erfüllen suchen. Daß es in diesem Kampfe Sieger giebt, bezeugen die kräftigen Waldstücke, die bald auf der Höhe, bald in den Einsenkungen und am Dünenabhang nach der Haffseite sich behauptet haben. Freilich nur Reste einst größerer Bestände; denn die Niederlagen sind in diesem Kampf nicht selten. An gar manchen Stellen sind sie an den Baumleichen, die in der erstickenden Umarmung des Sandes auf dem Platze geblieben sind, deutlich wahrzunehmen. Aber nicht blos dem Baumwuchs der Nehrung, sondern auch ihren Bewohnern erschwert der Sand das Leben aufs allerschlimmste. Die alte Heerstraße, auf der die kurische Nehrung entlang bis 1830 noch die Posten zwischen Königsberg und Memel kursirten, ist längst, durch Wanderdünen unterbrochen, ins Unwegsame verfallen. Nur mühsam wird zwischen den Hauptansiedelungen der Nehrung, dem beliebten Badeort Schwarzort, den Dörfern Nidden und Rossitten, eine spärliche Landverbindung aufrecht erhalten. Die außergewöhnlichen Schwierigkeiten, welche im Jahre 1877 bei Anlegung einer oberirdischen Telegraphenlinie auf der Nehrung zu überwinden waren, sind den dabei betheiligten Beamten lange in lebhaftem Andenken geblieben. Trotz des Telegraphen und trotz der Dampfschiffe, die namentlich zur Sommerzeit einen ziemlich lebhaften Verkehr auf der Haffseite der Nehrung vermitteln, bewahren die größtentheils dem littauischen Stamme entsprossenen Bewohner der Nehrung, die ihr Leben überwiegend in weltfremder Abgeschlossenheit zubringen, die Sitten und Gebräuche der Vorzeit in einer heutzutage immer seltener werdenden Ursprünglichkeit. — Auch auf der Halbinsel Hela, die in ihrer Struktur und Dünenbildung große Verwandtschaft mit der kurischen Nehrung aufweist, hat sich unter der Fischerbevölkerung von Heisterneſt und Hela viel Eigenthümliches erhalten, obwohl die Nähe von Danzig und die lebhaftere Berührung mit dem Seemannsleben allmählich ausgleichend einwirkt. An der Kanzel der Dorfkirche von Hela habe ich bei einem Besuche im Sommer 1874 noch ein alterthümliches Druckexemplar der Strandordnung ausgehängt gesehen; ich habe aber nicht vernommen, daß es zu den Amtsobliegenheiten des Geistlichen gehört hätte (wie anderen Orts thatsächlich der Fall gewesen ist), Sonntags nach der Predigt um reichlichen Ertrag des Strandsegens, d. h. also um Schiffbrüche, zu beten.

Föhrden und Inseln der Ostsee. Wie die Nehrungen, so tragen auch die Föhrden dazu bei, den Charakter der deutschen Ostseeküste zu bestimmen. In den schlanken Körper der nordalbingischen Halbinsel schneiden sie tief ein, theils wie die herrliche Kieler Bucht meerbusenartig erweitert, theils gleichmäßig schmal und dem Ansehen nach von einem mäßig breiten Flusse kaum zu unterscheiden, wie die Schlei, oder gleich einem Tritonshorn gewunden, wie der schöne breite Meeresarm, an dessen landein gewendeter Spitze die rührige Hafenstadt Flensburg sich ausbreitet. Schön bewaldete Hügel umrahmen die Ufer der meisten Föhrden, ein reizvoller Anblick sowohl, wenn die Buchen im jungen Frühlingsgrün prangen, als auch wenn der Herbst sie bunt färbt. Eine Segelrunde um die Ufer des Kieler Meerbusens oder die kurze Dampfschiffahrt die Flensburger Föhrde entlang hinüber nach Sonderburg auf Alsen sind so lohnend, daß sie viel öfter, als es geschieht, gemacht zu werden verdienen.

Der Ostsee eigenthümlich sind endlich die waldreichen, schön ausgebuchteten Inseln, die sich, nur durch flußartig schmale Sunde oder durch Flußmündungen getrennt, vor das Festland von Pommern und an der Ostküste von Schleswig vorgelagert haben. Ich will hier von Rügen nicht reden, denn seine Schönheit zu Wasser und zu Lande, der Vilm und Stubbenkammer, Mönchgut und Arcona gehören glücklicherweise zu den Reisezielen, die Vielen bekannt und zugänglich sind, und seine Sommerfrischen und Seebäder üben von Thiessow bis Brege hin eine alljährlich wachsende Anziehungskraft auf Tausende von Erholungsbedürftigen aus. Ebenso viele Freunde haben sich die Waldufer von Heringsdorf und Zinnowitz auf der Insel Usedom und die von Misdroi auf Wollin erworben. Wohl aber verdient das liebliche Alsen weit häufiger aufgesucht und zu nicht blos vorübergehendem Aufenthalt erwählt zu werden. Seine reichen Fluren, die wohlhäbigen Gutshöfe, die reinlichen Fischerdörfer am Meeresstrand schauen ganz verlockend darein. Und an der Baumpracht des herrlichen Parks, der Schloß Augustenburg umschließt und seine Wipfel in der Flut des Alsensundes abspiegelt, wird selbst ein verwöhnter Feinschmecker landschaftlicher Schönheit schwerlich etwas auszusetzen finden.

An der Nordsee. Weder an hydrographisch feiner Gliederung noch an Mannichfaltigkeit der Landschaft vermögen die deutschen Nordseeküsten es mit denen der Ostsee aufzunehmen. Aber sie haben Eins, was ihnen in den Augen Vieler den Preis vor den lieblichen Gestaden des baltischen Meeres sichert: das ist die Nordsee mit ihrer salzen Flut, das gewaltige alte deutsche Meer mit seinen schaumsprühenden, lebenspendenden und auch todbringenden Wogen, das soeben noch wieder in den Sturmnächten des vergangenen Winters seine elementare Macht ehrfurchtgebietend gezeigt und erschütternde Opfer geheischt hat. Diesem oceanischen Charakter der Nordsee verdanken ihre Seebäder von Sylt bis Borkum, einschließlich der köstlich-erquicklichen Dünen von Helgoland, die unvergleichlich größere Heilkraft; er ist es auch, der ihren Küsten trotz anscheinender Form- und Farblosigkeit einen übereinstimmenden Zug schrankenloser Größe aufprägt, den man in den vorwiegend idyllisch-friedlichen Küstenbildern der Ostsee je länger je mehr vermißt. Wohl kann auch die Ostsee als Sturmflut grimmig wüthen; auch von ihren Opfern weiß nicht nur Sage und Dichtung, sondern rauhe Wirklichkeit manch schlimme Kunde zu berichten. Aber an die länderzertrümmernde Gewalt der Nordsee reicht die Wucht des baltischen Meeres nicht heran. Einbrüche, wie sie in geschichtlicher Zeit die Gefilde der Jade und des Dollart in Meerbusen verwandelt, wie sie in den Sturmnächten des letzten Winters an den Deichfesten unserer Nordseemarschen, an den Dünenketten der ost- und westfriesischen Inseln gerüttelt haben, sind durchaus der Nordsee eigenthümlich. Wer Helgoland kennt, der hat die zertrümmernde Gewalt der Nordsee in einem klassischen Beispiel klar vor Augen.

Auch ihre majestätische Größe geht aber wohl nirgends so eindringlich und so tief in die Seele des Beschauers, als bei einem Sonnenuntergang oder in einer Mondnacht, wie man sie auf Helgoland erleben kann. Wie vom Mastkorb eines Schiffes überschaut der Blick von Helgoland aus das schrankenlose Meer. Jede Veränderung in der Windrichtung und in der Bewölkung ruft neue Töne in der Farbenskala der Meeresflut hervor; jede Nuance von mattem Weiß bis zu nachtschwarzem Dunkel zeigt sich in raschem Wechsel und, bedingt durch die Untiefen der von obenher weit erkennbaren unterseeischen Riffe, manchmal hart neben einander. Und alle Himmelslichter, Sonne, Mond und Sterne wetteifern vom frühen Morgen, der die rothe Klippe in noch dunklerem Purpurlicht erglühen läßt, bis in den späten Abend hinein und die Nacht hindurch, die Insel der Heiligen mit wunderbarem Glanze zu schmücken. Wem in Helgoland Tage beschieden sind, wie ich sie erst neulich dort erlebt habe, Tage voll Sonnenschein und Meeresstille, wo die Grenzen zwischen dem lichten Himmel und dem regungslosen Wasser in duftigem Glanz in einander verschwimmen, Abende, in denen die Seele sich mit Ruhe füllt: der mag den Reiz begreifen, welchen diese wunderbare Insel, an solchen Tagen eine Mischung von Capri und Venedig, auf treue Besucher ausübt. Von der Milde ihres Klimas legt ein Feigenbaum Zeugniß ab, der, im Freien gewachsen, noch 1894 sein Laubdach über einem der Liliputhäuschen des Oberlandes ausbreitete. Leider fand ich seine Krone im August 1895 nicht mehr vor; doch zahlreiche Schößlinge streben aus dem stehengebliebenen Stamme kräftig in die Höhe.

Vor der Ostsee voraus und mit dem Ocean gemein hat die Nordsee die wundervolle Erscheinung des Meerleuchtens, das sich zuweilen, in einem nur Wenigen bekannten Maße, zu wahrhaft tropischem Glanze steigert. In den Nächten des 19. und 20. August 1895 war in unmittelbarer Nähe von Helgoland das herrliche Phänomen in ganz ungewöhnlicher Stärke wahrnehmbar. Jeder Ruderschlag des Schiffers umgab das Boot mit einem prachtvoll aufleuchtenden Funkenkranz, der weithinaus in magischem Schein erglänzte. Von der Landungsbrücke konnte man diese leuchtenden Bahnen der zahlreich lustfahrenden Nachen bis in weite Fernen verfolgen. Und in der Nacht vom 21. August genoß die Badegesellschaft von Norderney den seltenen Anblick, daß das weite Rund des schön geschwungenen Strandes durch das Meer selbst wie mit Strahlengarben illuminirt wurde. Nichts fremdartigeres kann man sich vorstellen, als das Auftauchen, das Dahinrollen und das sanfte

Anlanden dieser leuchtenden Wellen. Gleich dem grünfunkelnden Auge eines fabelhaften Meeresgeschöpfs erhob sich hier und da ein Lichtkreis aus der dunklen Flut, der sich im raschen Herannahen blitzschnell zu einer leuchtenden Schlangenlinie ausdehnte und demnächst als funkensprühender Wellenkamm am Strande verlief. Ein Schauspiel, das man eher an den sagen- und sangreichen Gestaden der Circe und der Sirenen als am nüchternen Nordseestrand erwarten durfte.

Seeleute und Fischer. Eins aber ist der Wasserkant an der Ost- und Nordsee gemeinsam; und das ist die Tüchtigkeit ihrer Bewohner. Ob sie ihre ersten Fahrten auf den Fischerbooten von Hela und Heisternest, oder auf den Wattenkrüpern der Weser- und Emsmündung abgeleistet haben, ob sie für lange oder für kurze Fahrt geaicht sind, ob auf der Kommandobrücke eines Oceandampfers oder an der Ruderpinne eines Ewers ihr Platz sei: die Seeleute der deutschen Wasserkante haben sich überall und jederzeit als wackere feste Gesellen erwiesen, die unerschrocken ihre Schuldigkeit thun und auf die sicherer Verlaß ist. Auf ihnen beruht es, daß der Unternehmungsgeist deutscher Rheder und deutscher Handelsgesellschaften trotz der Ungunst von Deutschlands geographischer Lage den Wettkampf mit Engländern und Amerikanern, mit Oesterreichern und Italienern in den Dampferlinien nach Nord- und Südamerika, nach Ostasien und Australien kühn aufzunehmen wagt und rühmlich durchführt. Auf ihnen beruht überhaupt unsere Hoffnung auf Deutschlands Zukunft zur See, und zwar im Frieden wie im Kriege.

Im Frieden namentlich darauf, daß Deutschland in Zukunft den ihm gebührenden Antheil einheimsen werde von den reichen Ernten, welche der fruchtbare Schoß des Meeres in unendlicher Fülle darbeut. Viel zu lange haben sich unsere Fischer abdrängen lassen von den Fischbänken des deutschen Meeres, an denen die Briten, die Holländer, die Franzosen und die Norweger jahraus jahrein ihre Fischerflotten mit reichlichster Beute beladen. Mit Freuden sieht der Besucher der deutschen Wasserkante jetzt aus den Häfen der Ems-, der Weser- und der Elbmündung nicht nur die gewohnten Gestalten der Segelboote hinausziehen auf den Fischfang, sondern auch Dampfkutter, die mit allen Einrichtungen für Hochseefischerei ausgerüstet und den Mitbewerbern anderer Nationen gewachsen sind. Aus dem wimmelnden Leben der Meerestiefen bringen sie, oft nach wochenlangem Verweilen auf See, schwere Ladungen heim, die demnächst, telegraphisch angemeldet und börsenmäßig verhandelt, die Eisenbahnreise in alle Markthallen der deutschen Großstädte antreten und auch der Volksküche des Binnenländers eine werthvolle und billige Kost zuführen. Die Kirchhofsmauer in Borkum ist durch Pfosten aus grauem verwitterten Material gestützt, in denen man bei genauerem Zusehn Walfischknochen erkennt. Aus gleichem Stoff bestehen die Pfähle der Zäune, welche einzelne alte Fischerhäuser des jetzt in rascher Modernisirung begriffenen Dorfes umgeben. Die Zeiten, wo der Walfischfang ein lohnendes Gewerbe unserer Nordseefischer bildete und ihnen zugleich eine Schule für weite Fahrt bot, sind unwiederbringlich vorüber. Um so wichtiger ist es, die Hochseefischerei in der Nordsee der seemännischen Bevölkerung unserer ausgedehnten Nordseeküste zu öffnen und lohnend zu erhalten. Wer auf der Fahrt nach Norderney oder Borkum soviel Zeit erübrigen kann, sich die Fischerdampfer von Geestemünde anzusehen und von den Einrichtungen des dortigen Fischhandels Kenntniß zu nehmen, möge sie nicht versäumen. Es wird ihn nicht gereuen und er wird mit manchen Ungeheuern der Tiefe bekannt werden, die, wie der „stachlichte Roche“ aus Schillers Taucher, in seinem Gedächtniß nur ein literarisches Dasein fristeten. Er sollte es sich auch nicht verdrießen lassen, die alterthümlichen und doch von frischem Seeleben erfüllten Orte der Nordseeküste kennen zu lernen: Emden mit dem schönsten Rathhause, oder Vegesack mit dem buen retiro zahlreicher alter Seefahrer, oder Brake und Elsfleth am linken Weserufer im Oldenburgischen. Wen aber sein Weg nicht dorthin führt, dem seien die anmuthigen Schilderungen dringend empfohlen, in denen ein Kenner der deutschen Wasserkant' am Nord- wie am Ostseestrand, Philipp Kniest, in lesenswerthen Schriften*) ihr innerstes Wesen liebevoll erfaßt und treulich wiedergegeben hat.

*) Von der Wasserkante. 4. Aufl. Oldenburg 1891. Wind und Wellen; ebendaselbst.

Hafenbilder. Die vorstehend nur in den Umrissen angedeutete Charakteristik der deutschen Wasserkante würde sich nach den verschiedensten Richtungen hin ohne Schwierigkeit zu ausführlichen Schilderungen erweitern lassen. Trotz ihrer scheinbaren Gleichförmigkeit sind Deutschlands Meeresufer mannichfaltig genug, um ein Illustrationswerk, wie es Vallier d'Ambroyse von den französischen Küsten geliefert hat, anziehend und lohnend zu machen. Hier sei nur auf die Fülle von Hafenbildern hingewiesen, die sich dem Reisenden am deutschen Nord- und Ostseestrand von Emden bis Memel in schlichten und doch fesselnden Zügen darbieten. Ich will hier nicht von den Königinnen der deutschen Seestädte reden, denn Lübeck, Hamburg und Bremen, Stettin und Danzig haben nicht nöthig, daß man zu ihrem Besuch einladet, oder daß man auf die Vorzüge ihrer Lage, auf die Großartigkeit ihres Schiffsverkehrs, auf die Zahl und die Bedeutung ihrer würdigen Monumente noch besonders aufmerksam macht. Auch sind sie gastfrei genug, um bei schicklichen Gelegenheiten Tausende und aber Tausende von Binnenländern aller Berufsklassen zu sich zu entbieten, wie denn die Tagung der deutschen Aerzte und Naturforscher zu Bremen, die der deutschen Ingenieure und Baumeister und wieder ein ander Mal die der deutschen Schriftsteller und Journalisten in Hamburg, der hygienische Kongreß in Danzig, die erst vor Kurzem geschlossene Gewerbeausstellung in Lübeck zutreffende Vorstellungen von dem Thun und Wesen und von dem Werthe unserer großen Hafenstädte in weiten Kreisen zurückgelassen haben.

Wer Papenburg nur von der Landkarte her kennt oder vielleicht auch dort erst suchen muß, mag sich wundern, diesem Namen hier unter den Hafenbildern zu begegnen. Denn um zu Schiff dorthin zu gelangen, muß man die Ems von ihrer Mündung im Dollart eine ganze Strecke, soweit wie die Nordseeflut in ihr aufsteigt, aufwärts fahren, und wenn man die Schleusen erreicht hat, die in den großen Moorkanal führen, dann dauerts wieder noch eine ganze Weile, ehe die schier endlose Doppelreihe von einstöckigen Ziegelhäusern beginnt, mit der Papenburg zu beiden Seiten des Kanals sich über eine Meile lang ausdehnt. Hinter dieser Häuserreihe reicht das Moor noch heut bis an den Ort heran. Die Papenburger erzählen mit Stolz, daß dies Moor vor noch nicht langer Zeit zu den wildesten und unwegsamsten des Emslandes gehört hat, und daß Drost Dietrich von Velen, der sich diesen unwirthlichen Sumpfstrich gegen Ende des 17. Jahrhunderts zu Lehen geben ließ, seinen Colonisten erst mit dem Spaten den Weg vom Moor zum Meer hat weisen müssen. Jetzt zählt Papenburg, seit 1860 Stadt geworden, mehr als 7000 Einwohner und nimmt nach Zahl und Tonnengehalt der seinen Bewohnern gehörigen Seeschiffe sowie durch den Schiffsverkehr in seinem Hafen eine der ersten Stellen unter den Hafenplätzen der Provinz Hannover ein. Ich habe Schiffe der verschiedensten Nationalitäten dort liegen sehen, welche Holzladungen aus Norwegen, Schweden und Rußland löschten, und mir gern erzählen lassen, wie viel Schiffer für große und kleine Fahrt auf der Papenburger Navigationsschule gewesen sind und vor den Papenburger Prüfungscommissionen das Examen bestanden haben. Ich habe auch mit Vergnügen gelernt, daß die Papenburger ein eigenes Nationallied besitzen, das nach der Melodie „Denkst du daran, mein tapfrer Lagienka" gesungen wird. Es liegt in einem kleinen Heftchen mit der Aufschrift Emsländische Lieder gedruckt vor mir, und ich kann mir nicht versagen, den ersten Vers herzusetzen. Er lautet:

Denk, Papenburg, wie klein du angefangen,
Als Colonie in einem wilden Moor,
Wohin zuerst nur kühne Jäger drangen,
Auf Bretterschuh'n, durch Binsen, Schilf und Rohr!
Ein schwimmend Land, gleichviel wem's angehöre,
Gab einst der Fürst dem Drost zum Lehensgut,
Der scherzend sprach: „Dies Land gehört dem Meere,
Denn die Bewohner wallen auf der Flut."

Und als Refrain singt der Chor:

Der Schiffer lebt und schwebet auf dem Meere,
Er pflügt die See und erntet aus der Flut.

Das berechtigte Selbstgefühl, mit dem die Papenburger auf die mühsam errungene und mit zäher Ausdauer vertheidigte Bedeutung ihrer Vaterstadt als Seehafen hinblicken, kommt noch kräftiger in dem plattdeutschen Liedchen zum Ausdruck, das den Schluß der Emsländer Lieder bildet. Es benennt sich een nee Papenbörger Leed, ist nach der Melodie „Mein Lieb ist eine Alpnerin" zu singen, und hebt so an:

Dat Water is myn Element,
Myn Acker is dat Meer;
Dat ploeg ick dör van End to End,
De Winde spann ick vör.
Ick bün bekennt by Jedermann
Van Lond'n na Petersbörg,
Un wenn Jy fragt, war ick vandahn:
„Ick bün van Papenbörg."

Lange schon, ehe der erste Spaten zur Gründung der Moorcolonie von Papenburg angesetzt wurde, ist Emden ein altberühmter Hafenplatz gewesen, und seine wackeren Bürger haben die mannichfachen Vorzüge seiner natürlichen und seiner politischen Lage, hart an der Mündung des schiffbaren Emsstromes in die Nordsee und durch die nahen Beziehungen mit Holland vor allerlei kleinstaatlichem Drangsal geschützt, trefflich zu verwerthen gewußt. Unter den Schätzen, die das stattliche Rathhaus in sich birgt, wird die Urkunde vorgewiesen, kraft deren Kaiser Maximilian im Jahre 1495 seiner und des heiligen Römischen Reichs Stadt Emden das stolze Wappen verliehen hat, das über fließendem Wasser eine zinnengekrönte Stadtmauer und darüber eine gekrönte Jungfrau mit weit ausgebreiteten Flügeln, oder wie es in der Urkunde heißt, einen gelben Vogel Harpya genannt, aufzeigt. Als eine feste Burg hat sich die wehrhafte Friesenstadt in den Stürmen nach der Reformation, zu der ihre Bürgerschaft sich alsbald bekannte, für vertriebene Glaubensgenossen aus den Niederlanden, aus England und Frankreich erwiesen; sie erwarb sich während der Religionsverfolgungen unter der blutigen Maria und unter Alba den ehrenvollen Beinamen der Herberge der Gemeinde Gottes, und die Beschlüsse der im Jahre 1571 hier gehaltenen Synode nehmen als Emdener Bekenntniß eine nicht unwichtige Stelle unter den geschichtlichen Urkunden der reformirten Kirche ein. Noch heute zeigt das Portal der weithin als Seezeichen dienenden großen Kirche das Schiff der verfolgten Gemeinde, das als „Scheepken Christi“ ein Wahrzeichen der Stadt geworden ist, mit der Widmung:

> Godts Kerk, vervolgt, verdreven Haeft Godt hier trost gegeven. 1660. Diaconen der Vremden Nederduitsche Armen.

Das Rathhaus von Emden, in den Jahren 1574—1576 erbaut, läßt erkennen, daß die gottesfürchtigen Emdener, gleich ihren niederländischen Glaubensverwandten, sich auch auf die Dinge dieser Welt vorzüglich verstanden haben und nichts weniger als finstere kopfhängerische Gesellen gewesen sind. Von einem niederländischen Baumeister errichtet, stellt sich das wohlerhaltene Bauwerk, noch heute der Sitz der emdener Gemeindeverwaltung, den besten Schöpfungen der deutschen Renaissance ebenbürtig an die Seite; es bringt nach Außen wie im Innern das auf die eigene Kraft gestellte Gemeinwesen einer wehrhaften Bürgerschaft aufs Trefflichste zum Ausdruck. Das oberste seiner drei Geschosse ist von einer vorspringenden pfeilergetragenen Galerie, nach Art eines Wehrganges, umgeben, die in Verbindung mit dem mächtigen als Straßendurchfahrt dienenden

Portal dem Gebäude einen wohlthuenden Zug von Selbständigkeit und Vertheidigungsfähigkeit aufprägen. Dabei aber schaut der helle Sandstein der Fassade und ihre reiche Fenstergliederung so licht und freundlich drein, daß man zur Gastlichkeit des Innern von vornherein Vertrauen gewinnt. Und dies Vertrauen wird wahrlich nicht getäuscht: Niemand wird es bereuen, einige Stunden auf die Besichtigung dieses an Kunstschätzen und historischen Erinnerungen aller Art überreichen Stadthauses, eines der sehenswerthesten in Deutschland, verwendet zu haben. Emden gehört noch zu den Städten, die sich aus den trunkfreudigen Zeiten des 16. und 17. Jahrhunderts das Prunkgeschirr ihrer Rathstafel ungeschmälert bewahrt haben; nicht blos der Freund des Kunstgewerbes, sondern auch der Kulturhistoriker findet bei der Betrachtung der Schaustücke, die in der Silberkammer aufbewahrt sind, seine Rechnung. Ein besonders reich ausgestalteter Becher ist den Emdenern im Jahre 1598 von den Vorstehern der Merchant Adventurers in London verehrt worden. Die Schenkungsurkunde, die von dem Praefectus und den Assessores dieser hochansehnlichen Kaufmannsgilde unterzeichnet ist, schließt mit der Versicherung, daß „Wir Euch in diesem Pokal soviel freundschaftliche Gesinnung vortrinken (propinamus), als wir uns von Eurer Großmögenheit (amplitudo) erwidert zu sehen begehren." — Einzig in ihrer Art aber ist die im obersten Geschoß befindliche Rüstkammer. Denn wenn sie an Zahl und Alterthum des Waffenbesitzes von einzelnen anderen großen Sammlungen übertroffen wird, so ist sie doch, soviel ich weiß, die einzige, die den vollen Bestand eines Zeughauses der früheren Jahrhunderte auf unsere Tage hinübergebracht hat. Nicht in einzelnen Exemplaren, sondern zu Hunderten stehen und hängen an den Wänden der langen Halle die Feuerwaffen, die Seitengewehre, die Bandeliere und die Schutzwaffen an Helmen, Bruststücken, Arm- und Beinschienen, kurz die ganze Ausrüstung der waffenfähigen Mannschaft der Stadt, wie sie im 17. Jahrhundert thatsächlich im Gebrauch gewesen sind. Noch heut können alle Quartiere der alten Hafenstadt ins Gewehr treten und mit denselben Fähnlein, unter dem Klange derselben Trommeln und Pfeifen ausziehen, wie sie seiner Zeit zum siegreichen Streit gegen den Mansfelder ausgezogen sind.

Aber meine Erinnerungen haben schon zu lange bei der Vorzeit von Emden verweilt. Auch die Gegenwart verdient aufmerksame Betrachtung. Ob man zu Lande, mit der Bahn von Bremen her oder zu Wagen über die Klinkerstraßen Ostfrieslands, oder endlich zu Wasser mit dem Dampfer von Borkum her der alten schönen Stadt nahen möge: immer ruft ihre Erscheinung schon von weitem her Erinnerungen an niederländische Stadtbilder wach, und diese Anklänge verstärken sich, wenn man innerhalb des noch heut von wohlgepflegten Wallanlagen umgebenen Orts die Grachten, die Delfte, die Siele, die beschnittenen Linden und die sauberen Giebelfassaden Hollands wiederfindet. Und mit ächt niederdeutscher Zähigkeit hält Emden in dem nicht leichten Kampf ums Dasein sein Banner aufrecht. Als die Ems ihren Strom, der früher unmittelbar an den Mauern von Emden vorbeigeführt hatte, nach dem Untergange des Reiderlandes weiter nach Süden verlegte, sah sich die Stadt von ihrem Lebenselement, dem schiffbaren Wasser, durch meilenweite Wattbildungen abgeschnitten. Es galt, sich den Weg zum Meer neu zu eröffnen; ein acht Kilometer langer Kanal, der bis in die Fahrrinne des Dollart führt, gestattet den Seeschiffen den Zugang zu den städtischen Hafenanlagen und stellt im Anschluß an den bei Emden einmündenden Ems-Jadekanal eine Wasserverbindung mit Wilhelmshaven her, die an Bedeutung noch erheblich gewinnen wird, wenn der in der Ausführung begriffene Dortmund-Emskanal Emden erreicht. Es liegt im Plane, zu beiden Seiten des Emdener Binnenwassers beträchtliche Hafenanlagen zu errichten, vermöge deren Emden seinen Vorrang unter den Seehäfen des Emslandes wieder zu erringen und siegreich zu behaupten hofft.

Für das Verkehrsleben der Gegenwart ist Emden aber nicht blos als Seehafen von Bedeutung, sondern in noch weit höherem Maße als Ausgangspunkt der großen Telegraphenleitungen, welche Deutschland mit England und mit Nordamerika verbinden. Die unterseeischen Kabel von Lowestoft an der englischen und von Valentia an der irischen Küste sind in das Emdener Telegraphenamt eingeführt und werden, nachdem das Eigenthum dieser kostbaren Leitungen auf das Deutsche Reich übergegangen ist, von deutschen

Beamten bedient. Der leise Ausschlag der Nadel des empfindlichsten aller Telegraphenapparate, des Syphon-Recorders, überliefert die Zeichen, in denen die Depeschen von Newyork und von London ihren Weg durch die Tiefen der Meere nach Deutschland nehmen. Um diesen wichtigen Betrieb in ausreichend hellen Räumen unterbringen zu können, hat das Ende der siebziger Jahre am Graupferdstief errichtete Posthaus durch einen jetzt in der Vollendung begriffenen stattlichen Neubau erweitert werden müssen. Den Platz vor diesem Neubau, der schon jetzt der Stephansplatz heißt, wird demnächst eine Bronzebüste des deutschen General-Postmeisters schmücken. —

An Zahl und Tonnengehalt der in den deutschen Seestädten heimischen Seeschiffe nimmt die dritte Stelle — die erste und zweite kommen Hamburg und Bremen zu — nicht, wie man nach dem Umfange des Hafenverkehrs glauben möchte, Stettin ein, sondern Rostock. Denn während am 1. Januar 1895 der Schiffbestand von Stettin 52 Segelschiffe und 90 Dampfer mit einem Raumgehalt von zusammen 41 588 Registertonnen und 1390 Mann Besatzung zählte, wies Rostock am gleichen Tage 107 Segelschiffe und 27 Dampfer mit zusammen 64 234 Registertonnen und 1623 Mann Besatzung auf. Dabei liegt Rostock, wie weitaus unsere meisten Seestädte, nicht am Meere selbst, sondern am Warnowflusse, der sich zwar bei Rostock buchtartig erweitert, aber doch noch etwa zwei Meilen zurückzulegen hat, ehe er bei dem vielen Berlinern wohlbekannten Seebad Warnemünde die Ostsee erreicht. Von den mit hohen Thürmen aufragenden Kirchen der Stadt sind die ältesten dem heiligen Nicolaus und dem H. Petrus geweiht, den Schutzheiligen der Schiffer und der Fischer; denn Schiffahrt und Fischerei sind von Alters her die Wurzeln gewesen, aus denen die Bürgerschaft von Rostock ihre beste Kraft zu ziehen wußte. Seitdem die Heringszüge die Ostsee seltener als in früheren Jahrhunderten aufsuchen, ist die Fischerei zurückgetreten; aber der Schiffahrt sind die Rostocker treu geblieben und treiben sie als Schiffseigner, als Schiffsführer, als Schiffbauer und Schiffbefrachter mit aller Energie. Es wird nicht viel deutsche Städte geben, in denen ein so bedeutender Theil des Vermögens der Bewohner in Schiffsparten angelegt ist wie in Rostock, und deren Bevölkerung soviel Nachwuchs für die deutsche Marine, zu Kauffahrtei und zu Orlog stellt. Einer der tüchtigsten Führer unserer jungen Kriegsflotte, der kürzlich verstorbene Vice-Admiral Wilhelm von Wickede, ist in Rostock auf der Schule gewesen und ist im Schiffsverkehr des Rostocker Hafens von der unbezwinglichen Neigung für den Seemannsberuf erfaßt worden, die ihn vom Schiffsjungen eines Hamburger Segelschiffes zum Stander eines deutschen Admirals leiten sollte.

Durch die vortreffliche Dampfschiffverbindung, welche von der Rostocker Rhederei über Gjedser nach Kopenhagen unterhalten wird, ist Rostock in die Reihe der Reisehäfen eingetreten und es weiß sich in dieser

Stellung trotz des kräftigen Mitbewerbs der Stettiner und Kieler Dampfschiffe zu erhalten. Von Berlin auf der Nordbahn mit Durchgangswagen in vier Stunden erreichbar, bildet der stattliche Bahnhof eine vielbesuchte Umsteigestelle auch für die benachbarten Sommerfrischorte am Ostseestrande, die, nach Osten hin Müritz, nach Westen hin Dobberan mit Heiligendamm, Brunshaupten und Fulgen, zahlreiche Besucher anziehen. Warnemünde aber, das dank der Eisenbahn jetzt nur noch eine Viertelstunde von Rostock entfernt ist, zählt ebensogut wie Misdroi oder Heringsdorf gradezu zu den großen Sommerkinderstuben der Berliner, die während der Hundstagsferien sich schaarenweise in den kajütartigen sauberen Häuschen des Warnemünder Badeviertels einquartieren.

Memel, Deutschlands nördlichster Seehafen und überhaupt die nördlichste deutsche Stadt, liegt an der Mündung der Dange in das Memeler Tief, da, wo das kurische Haff sich stromartig zum Ausfluß in die Ostsee verengt. Am äußersten Ende jenes schmalen Zipfels gelegen, zu welchem Ostpreußen am rechten Ufer des Memelstroms sich gegen Norden zuspitzt, und landwärts überall in sehr naher Nachbarschaft von russischem Gebiet umschlossen, entbehrt Memel des Hinterlandes, das die gesundeste und natürlichste Grundlage für den Handelsverkehr bildet, und seitdem Rußland seinen südlichsten Ostseehafen, das kurländische Mitau, mit aller Macht in den Vordergrund schiebt, hat sich Memels Bedeutung auch als Ausgangspunkt für den russischen Export fühlbar verringert. Die Zeiten sind vorüber, wo Memel, dank den Zufuhren aus Rußland, einer der größten Holzstapelplätze der Ostsee war. Auch der König Wilhelmskanal, der Anfangs der sechsziger Jahre angelegt wurde, um eine nähere und sichere Wasserstraße zwischen Memel und dem Memelstrome, der Hauptader der russischen Zufuhren, herzustellen, hat den Zug der Flöße, in denen früher ganze Wälder aus Russisch-Littauen, Podolien und dem fernen Volhynien den Niemen hinab zur Ostsee schwammen, nicht in dem erhofften Maße wieder nach Memel gelenkt. Aber noch immer machen sich die Vorzüge von Memels Lage geltend, die schon in den Anfängen der Hansa hier eine Niederlassung deutscher Kaufleute hervorriefen. Durch die östlich vorliegende Spitze der kurischen Nehrung, deren Dünenzüge man vom Leuchtthurm des Memeler Hafens weithin überblickt, ist die Einfahrt in das Memeler Tief gegen Wind und Wellen geschützt; die Dange, an deren Ufern die Stadt sich zu beiden Seiten ausbreitet, ist tief genug, um Seeschiffen den Zugang bis zu den Speichern am Flußstaden zu gestatten; auch bleibt das Memeler Tief während des Winters bei nicht allzustrenger Kälte für die Schiffahrt offen. Diese Vorzüge werden von den tüchtigen Männern, die an der äußersten Nordmark des deutschen Ostens wohnen, mit allem Nachdruck im Kampfe gegen den Wettbewerb anderer Ostseehäfen verwerthet. Wer die freundlich anmuthende Stadt betritt, merkt an der äußeren Erscheinung der behäbigen Häuser, an den mit Lindenalleen versehenen

Straßen nicht, wie hart sich hier der Kampf ums Dasein wiederholt gestaltet hat. Der Fremde, der zur Sommerszeit hierher kommt und auf hügeligen Waldwegen zu der etwa eine Stunde nordwärts am Ostseestrande liegenden Försterei geleitet wird, findet hier ein Badeleben und einen vergnüglichen Verkehr, der an Frohsinn und Gastlichkeit hinter anderen Sommerkurorten unserer Wasserkante keineswegs zurücksteht. Gern mag man daran denken, daß Memel die Geburtsstadt des ostpreußischen Dichters Simon Dach ist, dessen Aennchen von Tharau seit 250 Jahren von frischen Kehlen in ganz Deutschland gesungen wird, und gern sich auch daran erinnern, mit welcher Pietät unser alter Kaiser der Jugendzeit eingedenk gewesen ist, die er, ein zehnjähriger Knabe, im Jahre 1807 hier in Memel, dem letzten Zufluchtsorte seines königlichen Elternpaares zugebracht hat. Jetzt erhebt sich an der Stelle des Hauses, in dessen Mansardenstockwerk die Königin Luise dem Unterricht ihrer beiden ältesten Söhne beizuwohnen pflegte, ein stattlicher Reichspostbau, dessen Schalterhalle mit zwei, Kaiser Wilhelms Jugend und Alter darstellenden Bildern geschmückt ist.

Aus deutschen Städten. Schon im fünfzehnten Jahrhundert haben Deutschlands Städte durch ihre Zahl, ihren Wohlstand und ihr Bürgerthum die Aufmerksamkeit und die Bewunderung der Fremden erregt, welche die Kirchenversammlungen von Costnitz und Basel über die Alpen geführt hatten. Es ging ihnen wie im Jahre 1870 den kriegsgefangenen Franzosen, die sich von ihrem Erstaunen über die vielen deutschen „petits Paris" gar nicht erholen konnten. Auf der Fülle von selbständig durchgebildeten Individualitäten, ich möchte sagen von Charaktergestalten des deutschen Städtewesens beruht ein nicht geringer Reiz des Reisens in Deutschland. Der Sondergeist, der in unserer Staatsentwicklung von jeher so kräftig hervorgetreten ist, hat nicht nur verhindert, daß eine Stadt in Deutschland ein ähnliches Uebergewicht ausübt, wie Paris in Frankreich oder London in England, sondern er hat auch, im Verein mit anderen Triebkräften, zu Wege gebracht, daß das nun politisch geeinte Deutschland in seinen Städten eine außerordentlich große Sammlung der verschiedenartigsten Gemeinwesen besitzt. Ohne dies Thema irgendwie zu erschöpfen, mögen einige Beobachtungen genügen.

Alt und jung. Wenn nach Deutschlands ältester Stadt gefragt wird, so müßte wohl Trier genannt werden, weniger wegen der Inschrift am rothen Hause, welche von Trier behauptet, daß es dreizehnhundert Jahre länger als Rom bestehe[1]), als wegen der in Deutschland unerreichten Zahl und Bedeutung seiner Römerbauten. Die porta nigra, die Basilika Constantin's, die Reste des Amphitheaters — das man früher in Trier den Faßkeller nannte — bezeugen vor Jedermanns Blicken, daß Augusta Trevirorum Jahrhunderte hindurch ein Hauptsitz römischer Herrschaft, ja lange Zeit Residenz römischer Kaiser gewesen ist. Und unter der Erde werden, sobald man den Spaten ansetzt, die mannichfaltigsten Ueberbleibsel römischer Kunst und römischen Wohlbehagens in Säulentrümmern, Statuen, Geräthen und anderem Villenschmuck angetroffen. Die wohlerhaltenen Mosaikfußböden, die in der Umgegend von Trier und auch in der Stadt selbst noch vor wenig Jahren aufgedeckt worden sind, reihen sich dem Besten an, was an Werken dieser Art aus dem Alterthum auf uns gekommen ist. Wenn man sie betrachtet, fühlt man ordentlich, wie heimisch es den Welteroberern vom Tiberstrand in diesem reizenden

1) Ante Romam Treveris stetit annis mille trecentis;
Perstet et aeterna pace fruatur. Amen.

Mosellande zu Muthe gewesen ist. Mit dem Adlerblick, den man an ihren Stadtgründungen allerwärts bewundert, hatten sie sich in der lieblichen Weitung des Moselthals, nahe dem Einfluß der Saar und der Kyll, die Stelle ausgewählt, wo die aus Gallien nach Germanien führende Heerstraße sich, diesen verschiedenen Flußläufen folgend, dreifach verzweigt. Da, wo dies Straßennetz strategisch beherrscht wird, hatten sie das Standlager ihrer Legionen errichtet, das sich unter dem Einfluß wachsender Gesittung, begünstigt durch die in Deutschland schwerlich übertroffene Milde des Himmels und gewiß auch durch den bis dicht an die Mauern heran wachsenden guten Wein, dessen Anpflanzung in Deutschland einem römischen Kaiser zu verdanken sein soll, zu einer mächtig aufblühenden Stadt, ja zur Roma Secunda erweiterte. Auch nach dem Verfall des Römerreichs hat Trier im heiligen Römischen Reich als Metropole eines der drei geistlichen Kurfürsten Jahrhunderte hindurch eine hochansehnliche Stellung behauptet. In dem an Alterthümern aller Art reichen Stadtmuseum befindet sich eine Sammlung von Münzen aller Herrscher, die in und über Trier regiert haben, römische Golddenare, deutsche Kaisergulden und Schaustücke aller Kurfürsten. Ihre Reihenfolge wird durch ein Blatt unterbrochen, auf welchem etliche Assignaten der République Française, der zeitweiligen Nachfolgerin der geistlichen Herren, befestigt sind. Hoffentlich reiht sich nun an die preußischen Friedrichsd'or wieder eine lange Folge von Goldkronen mit den Bildnissen deutscher Kaiser an.

Als eine der jüngsten deutschen Städte wird Mannheim gelten müssen. Denn wenn sein Name als Dorf auch schon in alten Zeiten erwähnt wird, so ist ihm Stadtrecht doch erst im 17. Jahrhundert verliehen worden, und das beispiellos regelmäßige Straßenschachbrett bezeugt, wie von Grund auf neu die Stadt nach ihrer Einäscherung durch den Pfalzverwüster Mélac wiedererbaut worden ist. Aber in diesen über alle Gebühr langweiligen Häuserquadraten entwickelt sich, dank dem Unternehmungsgeist und der Thatkraft ihrer Bewohner, ein Handelsverkehr und ein Gewerbfleiß, welche die etwas zopfige Kurfürstenresidenz, durch ihr Theater unter Dalberg's Aegide einer ehrenvollen Erwähnung in der Geschichte des deutschen Geisteslebens sicher, zu einem Hauptträger des modernen Wirthschaftslebens in Deutschland umgestaltet haben. Mannheim ist der größte Binnenhafen von Europa; es hat sich vermöge der energischen Ausnutzung der herrlichen Wasserstraßen und der vortrefflichen Einrichtungen zum Löschen und Lagern der auf den Rheinschiffen eingebrachten Güter zum Hauptstapelplatz des Getreide- und des Petroleumhandels aufgeschwungen und versorgt aus seinen Lagerstätten Süddeutschland, die Schweiz und einen großen Theil von Frankreich mit Nahrung und mit Licht, gar nicht zu sprechen von dem Schatz edelster Pfälzer Weine, der in den Kellern der reichen Handelsstadt geführt und bei gastlichen Gelegenheiten mit echt pfälzerischer Freigebigkeit gespendet wird.

Zwischen Triers Alter und Mannheims Jugend

entwickelt sich auf deutschem Boden in allen Abstufungen der Erhaltung, der Wiederherstellung, des Gedeihens und auch des Rückganges die denkbar größte Mannichfaltigkeit der städtischen Entwicklung.

Wenn einer Deutschland kennen
Und Deutschland lieben soll,
Wird man ihm Nürnberg nennen,
Die Stadt der Ehren voll,

hat Max von Schenckendorf, der Ostpreuße, mit vollem Recht gesungen. Aelter noch als der Gesammteindruck von Nürnberg ist der, welchen Goslar mit seinen bis in die sächsische Kaiserzeit zurückreichenden Baudenkmälern, oder Hildesheim mit dem unvergleichlichen mittelalterlichen Straßenbild hinterläßt, das sich um seine herrlichen Kirchenbauten zusammendrängt. Das älteste deutsche Privathaus, ein Bau aus dem dreizehnten Jahrhundert, ist vor einigen Jahren in Gelnhausen in einem uralten Mauertrumm entdeckt und auf das Wohnlichste wieder eingerichtet worden. Dicht davor steht das bescheidene Denkmal, das dem in Gelnhausen geborenen Erfinder des Telephons, Philipp Reis, errichtet worden ist, und die in der Nähe der Stadt belegene elektrotechnische Fabrik bezeugt, daß man in Gelnhausen nicht nur Aeltestes bewahrt mit Treue, sondern auch das Neueste rüstig zu erfassen versteht.

Am meisten von allen deutschen Städten hat Rothenburg ob der Tauber das Bild vergangner Tage bis auf die Gegenwart hinübergebracht. Noch zu dieser Stunde ist das gesammte Mauerwerk mit

Vorthürmen und Thorthürmen, Fallgattern, Wehrgängen, Pechnasen u. s. w. vorhanden, welches in früheren Jahrhunderten die freie Reichsstadt gegen die Zudringlichkeit geistlicher und weltlicher Nachbarfürsten, sowie der freien Reichsritterschaft in Schwaben und Franken schirmend umgab. Aus ihrer schlimmsten Noth freilich hat die Rothenburger nicht die Festigkeit ihrer Mauern, sondern die Opferfreudigkeit ihres Bürgermeisters gerettet, der Tilly's Zorn dadurch beschwichtigte, daß er auf dessen Geheiß den dem Sieger dargebotenen Humpen voll Tauberwein trotz seiner schier unergründlichen Tiefe in einem Zuge leerte. Diese patriotische That wird als „Meistertrunk von Rothenburg“ jetzt alljährlich durch ein Festspiel gefeiert, bei welchem die Stadtkinder beiderlei Geschlechts vergnüglich mitwirken. Es war ein reizender Anblick, als ich zu Pfingsten 1881 bei meinem ersten Besuch der alten Reichsstadt aus dem herrlichen Rathhause, das ihren Markt schmückt, den Festzug der Rothenburger in der kleidsamen Tracht des 17. Jahrhunderts hinaustreten und die Straßen mit einer ihrem Architekturbilde entsprechenden jubelnden Menge erfüllen sah.

Ich höre, daß man nach dem Vorbilde der Tauberstadt jetzt auch anderwärts an Wiederbelebung ähnlicher Episoden aus der Vergangenheit deutscher Städte denkt. Ich wüßte manchen Ort, der sich hierzu eignet. Etwa Bamberg mit seinem Kaiserdom, oder Würzburg mit dem fürstlich prangenden Bischofsschlosse; Lüneburg, das wohl von allen deutschen

Städten das besterhaltene Rathhaus (und darin bis vor Kurzem das besterhaltene Rathssilber) besitzt; oder Wismar mit seinen Kirchen, die von Riesen für Riesen gebaut zu sein scheinen. Oder Danzig, dessen Langgasse zwischen den beiden schönen Bauwerken des Hohen und des Grünen Thores mit dem keck aufstrebenden Rathhausthurm, der weiten Halle des Artushofes und den reich verzierten Fassaden ihrer Giebelhäuser eines der abgerundetsten und stimmungsvollsten Stadtbilder bietet, das weit und breit zu sehen ist.

Reichsstädte. Solcher Gegensätze, wie der von Alt und Jung, lassen sich eine ganze Reihe aufstellen, wenn Jemand, der Deutschland kennt, seine Städte-Erinnerungen übersehen will. Sowohl nach geschichtlichen, als nach geographischen, nach wissenschaftlichen und Kulturgesichtspunkten betrachtet, bieten Deutschlands Städte eine Mannichfaltigkeit dar, die kaum in irgend einem anderen Lande, nicht einmal in Italien, dem klassischen Lande des Municipalitätsgeistes, in diesem Umfange erreicht, geschweige denn übertroffen wird. So prägt sich der geschichtliche Charakter unserer alten freien Reichsstädte noch heute für jedes aufmerksame Auge erkennbar in den meisten der Gemeinwesen aus, welche als unabhängige Stadtrepubliken Sitz und Stimme auf den Städtebänken des alten Reichstages besessen haben. Und zwar nicht blos bei den vornehmen Vororten, die wie Augsburg, Nürnberg, Ulm diese Sonderstellung bis zum Zusammenbruch der Reichsverfassung behauptet haben, oder denen sie, wie den Freien Hansestädten Lübeck, Hamburg und Bremen auch im neuerstandenen Deutschen Reich verfassungsmäßig gewährleistet ist. Nein, auch den Zwergreichsstädten der schwäbischen Bank ist etwas von dem Selbstgefühl geblieben, das sie in Jahrhunderte langem Streit mit den angrenzenden Landesherren unabhängig erhielt. Ueberlingen, gegenüber der Mainau, am Nordwestarm des Bodensees, zeigt in der sorgsamen Erhaltung seiner Baudenkmäler, mit welcher Liebe die kaum viertausend Bewohner des reizenden Städtchens an ihrer Vergangenheit hängen. In dem noch kleineren Pfullendorf fand ich den Reichsadler am Rathhause auf das sorgfältigste renovirt.

Soest in Westfalen hat schon am Schlusse der langen Fehde zwischen den Erzbischöfen von Köln und den Grafen von der Mark im 15. Jahrhundert aufgehört eine Freie Reichsstadt zu sein. Nichtsdestoweniger hat sich die schöne alte Stadt den aus hellen Quadern errichteten Ring ihrer Stadtmauer mit Thoren und Thürmen vollständig bewahrt; sie umschließt in ihren zahlreichen Kirchen, unter denen der romanische Bau des heiligen Patroklus und die hochaufstrebende gothische Wiesenkirche zu den hervorragendsten Architekturleistungen Westfalens zählen, in den Sälen ihres Rathhauses und in den Zimmern ihrer Patrizierhäuser eine Menge der interessantesten Alterthümer, und sie wird, wie ich mich bei manchem erfreulichen Anlaß überzeugt habe, von so kernfesten Bürgern bewohnt, daß mir auch um ihre Zukunft nicht bange ist. Soest würde ich in erster Linie nennen, wenn mich Jemand nach dem Typus einer guten deutschen Mittelstadt früge, und wer dorthin geht, wird um Ausfüllung seiner Stunden nicht verlegen sein. Er möge u. A. nicht versäumen, in der Wiesenkirche das Bild des heiligen Abendmahls zu besichtigen, bei dem der wackere Maler, ein echter Sohn der rothen Erde, den Heiland und seine Jünger statt des Osterlammes einen guten Schinken nebst Pumpernickel verspeisen läßt. In der nahebei gelegenen Hohnekirche, (Maria ad montem, im Gegensatze zur Maria in pratis, der Wiesenkirche), einem ungemein interessanten Bauwerk aus dem 11. und 12. Jahrhundert, hat man neuerlich Fresken ältester Zeit aufgedeckt, die in der sprechenden Charakteristik der Gestalten, in dem lebendigen Ausdruck ihrer Gebärden und in dem stilvollen Faltenwurf ihrer Gewänder an Malereien des römischen Alterthums erinnern und in denen man, wenn ich nicht irre, ein bisher fehlendes Bindeglied zwischen der klassischen und der mittelalterlichen Kunst begrüßen darf.

Residenzen. Wiederum ganz anders zeigt sich der geschichtliche Charakter ausgeprägt in Städten vorwiegend fürstlichen Ursprungs, sei es, daß sie weltlichen Landesherren ihre Anlage und als Residenz ihre Vergrößerung verdanken, oder daß sie früher unter dem Krummstab geistlicher Herrscher gestanden haben. Münster, Bonn, Coblenz, Bruchsal, Aschaffenburg, Würzburg zeigen noch heute in ausgedehnten Schloßbauten, daß diese geistlichen Herren an Baulust und Prachtliebe es mit ihren weltlichen Collegen reichlich aufzunehmen wußten, während die kolossalen Verhältnisse jetzt leerstehender oder zu ganz anderen Zwecken dienender Fürstenschlösser in Celle, Hildburghausen, Saalfeld, Weißenfels, Schwedt und in anderen Orten davon reden, wie viele kleine deutsche Landesherren im 17. und 18. Jahrhundert sich gedrungen fühlten, mit der raumverschwenderischen Opulenz König Ludwigs XIV. in Versailles zu wetteifern. Seitdem hat sich die Zahl der wirklichen Residenzstädte beträchtlich vermindert; Deutschland, das beim Beginn der französischen Revolution noch über zweihundert Landesherren zählte, hat jetzt nur noch ein Zehntel dieser Zahl aufzuweisen.

Nichtsdestoweniger nehmen die deutschen Residenzen auch in der Gegenwart eine hervorragende Stelle im Reiseleben ein. Ich kenne sie wohl alle, und ich wüßte keine unter ihnen, die nicht ihre besonderen Vorzüge aufzuweisen hätte. Daß Berlin, noch in den vierziger Jahren bei Fremden wenig beliebt, jetzt auch für die Ausländer zu den attractions einer europäischen Rundreise zu zählen anfängt, ist uns noch neulich von einem Länder- und Menschenkenner ersten Ranges, dem amerikanischen Humoristen Mark Twain bezeugt worden. Unser Elbathen Dresden und die fröhliche Kunstmetropole am Isarstrand haben von ihrer alten Anziehungskraft auf in- und ausländische Reisende nichts eingebüßt. Wen sein Weg jemals in die Hauptstadt der klugen frohen Schwaben geführt hat, der wird an die Rebhügel, die das Thal des

Nesenbaches umkränzen, an die lieblichen Parkanlagen, die Stuttgarts unmittelbare Umgebung zieren, an den blütenreichen Kranz der duftigen Gärten und an die schönen Mädchen, die in ihnen spazieren gehen, immer gern zurückdenken und noch lieber dorthin zurückkehren. Karlsruhes Reiz beruht nicht nur auf seiner anmuthigen Lage am Rande des bis an die Rheinebene reichenden großen, allenthalben gang- und fahrbaren Haardtwaldes, auch nicht allein auf der Vorzüglichkeit der Kunstsammlungen und des wohlgeleiteten Theaters, sondern nicht minder auf der geistigen Lebendigkeit und der liebenswürdigen Gastlichkeit seiner Bewohner, der sich jeder einigermaßen ständige Besucher verpflichtet fühlen wird. Ich denke mit lebhaftem Vergnügen an die vortreffliche Aufführung der Perser des Aeschylus zurück, die in der Karlsruher Tonhalle vor einigen Jahren im griechischen Urtext von den Oberklassen des Gymnasiums unter Leitung und thätiger Mitwirkung des Directors in Scene gesetzt wurde; ebenso an den genußvollen und gemüthlichen Abend, den mir im December 1892 die Leistungen des ausgezeichneten Karlsruher Männergesangvereins bereitet haben.

Wie die großen, so müßten die mittleren und kleinen Residenzen verdientermaßen hier ehrenvoll erwähnt werden, wenn Vollständigkeit innerhalb des Rahmens dieser Betrachtungen läge. So begnügen sie sich, an die herrlichen Rembrandts in den Museen von Braunschweig, Oldenburg und Kassel, an die Holbeinsche Madonna in Darmstadt, an das stattliche

Obotritenschloß am Schweriner See, an Coburgs erinnerungsreiche veste Burg, an Meiningens weltberühmtes Theater, an Detmold mit dem ragenden Hermannsstandbilde auf der waldigen Grotenburg, an die köstlichen Lindenalleen von Pyrmont nur in aller Kürze zu erinnern.

Emporien und Waffenplätze. Wiederum andere Gegensätze ergeben sich, wenn die verschiedenen Zwecke ins Auge gefaßt werden, denen unsere Städte hauptsächlich dienen. Da erscheinen die charaktervollen Stadtbilder unserer Handelsemporien, neben unseren Haupthäfen Hamburg, Bremen, Lübeck, Stettin, Danzig, Königsberg, die Binnenstädte wie Köln, Frankfurt am Main, Leipzig, Nürnberg, Magdeburg und Breslau, Namen, die man nur zu nennen braucht, um bestimmte scharf umrissene Physiognomien vor das geistige Auge des Lesers zurückzurufen. Dann die großen Waffenplätze zu Wasser und zu Lande: das mächtig aufblühende Kiel an seiner weiten Bucht, auf deren blauem Wasserspiegel alle Kriegsflotten der Welt Platz finden könnten, und Wilhelmshaven, das aus dem Schlick und Schlamm des Jadeufers in wenigen Jahrzehnten zum Hauptkriegshafen der Nordsee und zu einer wohnlichen Stadt emporgewachsen ist; Thorn und Posen mit dem weiten Kranz ihrer Außenwerke, Metz mit dem schönsten und lichtesten Dombau und dem wundervollen Ausblick von der hochgelegenen Esplanade über die blühenden Moselufer, endlich Mörchingen, vor wenigen Jahren noch ein unbekannter Landort nahe der französischen Grenze, der sich demnächst durch Hinverlegung eines Infanterieregiments aus einem altmodischen Marktflecken in ein waffenklirrendes Barackenlager verwandelt hat und jetzt eine ganze Brigade Infanterie, daneben Kavallerie und Artillerie in einer neu erstandenen Kasernopolis beherbergt.

Universitätsstädte. Zum Schluß nur noch eine Gruppe, die der deutschen Universitätsstädte. Nicht die Großstädte, wie Berlin, München, Leipzig, in deren kosmopolitischem Getriebe die Universitäten trotz ihrer Bedeutung und der Zahl ihrer Studenten doch vor dem Blicke des Reisenden zurücktreten, sondern die eigentlichen Musensitze, deren ganze Existenz mit ihrer Alma mater unzertrennlich verwachsen ist und in denen, trotz mancher mutatio rerum, der deutsche Professor und Bruder Studio immer noch als Nummer 1 gelten. Ganz kennt sie freilich nur, wer sich in ihnen Studirens halber aufgehalten und im Kreise fröhlicher Jugend das Stoßt an, Jena (oder Bonn, Marburg, Heidelberg, Tübingen ꝛc.) soll leben! mitgesungen hat. Nur dem ehemaligen Bonner Studenten wird das Herz aufgehen, wenn er wieder einmal vom alten Zoll, wo jetzt das Standbild von Ernst Moritz Arndt steht, auf den grünen Rhein hinabschaut, und wenn ihm die Höhen des Siebengebirges, die von mancher lustigen Wanderfahrt zu erzählen wissen, herüberwinken. Ihm sind die Ortschaften hüben und drüben, Rüdinghofen und Königswinter, Plittersdorf und Mehlem, die man sich vom Dampfschiff zeigt, nicht bloße Namen, sondern frohe Erinnerungen. — Deutschlands jüngster

Universität ist in Straßburg ein Heim bereitet worden, wie es keine ihrer älteren Schwestern aufzuweisen hat. Auf einem Theil des durch die Erweiterung der Festungswerke neugewonnenen Stadtgebiets erhebt sich, von Grund auf neu errichtet, der imponirende Bau der Aula, mit Wandelgängen und Höfen, Hör- und Festsälen auf das reichlichste und stattlichste versehen. Dahinter sind für den gesammten wissenschaftlichen Apparat einer modernen Universität Neubauten errichtet; chemische, physikalische, physiologische Laboratorien, zoologische, botanische, mineralogische Sammlungen, eine Sternwarte, alles den neuesten Anforderungen der Wissenschaft entsprechend: kurz eine lateinische Stadt, wie sie einst Samuel Pufendorf dem Großen Kurfürsten zu erbauen vorschlug. Hier sieht man sie verwirklicht, und man nimmt mit Freude wahr, daß unter den Bürgern dieser Stadt elsässische Landeskinder sich mit Nord- und Süddeutschen aus allen Herren Ländern zu fleißigem Studium und zu heiterer akademischer Freiheit zusammenfinden.

Aber wollte ich von dem, was in deutschen Städten sehenswerth ist, hier auch nur das Wesentlichste zusammenstellen, so würde allein dafür dies kleine Buch nicht ausreichen. Während des dreißigjährigen Krieges hat der Baseler Matthäus Merian sich an eine umfassende, mit Abbildungen in Kupferstich versehene Beschreibung der deutschen Städte gemacht, ein Riesenunternehmen, dessen zahlreiche Folianten eine Fundgrube für die Kenntniß des deutschen Städtewesens und der deutschen Kulturforschung genannt zu werden verdienen. Heute, wo Deutschland in seiner Gesittung und in seinem Wohlstande die verheerenden und verarmenden Wirkungen jenes furchtbaren Krieges endlich überwunden hat, wäre es kein übler Gedanke, wenn ein neuer Merian mit der Sorgfalt, der Ausdauer und dem Kunstsinne des alten an die Herstellung einer neuen Topographie von Deutschland heranginge.

In Dichters Landen. Als ich im Mai 1881, auf einer längeren Bereisung des Schwarzwaldes begriffen, nach Donaueschingen kam, war ich erstaunt, mich in der freundlichen Stadt, die ich zum ersten Mal besuchte, wie an einem mir längst bekannten Orte zu fühlen. Mir war, als ob ich schon einmal über den Berg von Furtwangen nach Vöhrenbach das Thal hinabgefahren wäre, in dessen Weitung, von der Briegach und der Breg umflossen, die hier, wie man sagt, die Donau z'wegbringen, die Häuserreihen des Städtchens sich um das Schloß des Fürsten von Fürstenberg behaglich ausdehnen. Ebenso glaubte ich, den stattlichen Schloßbau schon von früher zu kennen, der seit Jahrhunderten die Residenz dieses altreichsfürstlichen Geschlechts und den Sitz der Verwaltung seines in der Baar, im Linzgau und in Schwaben weitausgedehnten Besitzes bildet. Als man mich zu der größten Sehenswürdigkeit von Donaueschingen, zur Donauquelle, dicht am Schlosse, führte, wurde mir plötzlich klar, was meiner Erinnerung bis dahin unbestimmt vorgeschwebt hatte. Ueber diesen Brunnenrand und in dieses bläulich schimmernde Wasserrund hinein, das (mit Recht oder Unrecht) als Hauptquell unseres mächtigsten Stromes gilt, hat Scheffel und nach ihm Anton v. Werner's Meisterhand die beiden Junker springen lassen, die, Blutsfreunde und Kommilitonen von der Klosterschule her, sich aus Liebe für die stolze Ortrud auf den Tod entzweiten; in diesen Quell hatte die hoffährtige Schöne die Blüthen geworfen, um welche der Blumenegger und Gottfried von Hohenhöwen sich stritten, um dann durch die wahnsinnige Fahrt den Rheinfall hinab Gottes Urtheil anzurufen.

Meister Josephs Juniperus hatte mich beim Eintritt in das Scheffelland empfangen. Sein Ekkehart begrüßte mich am nächsten Morgen durch die Riesengestalt des Klosterknechts Romeias am Thorthurm von Villingen; er gab mir das Geleit durch den Höhgau, wo die Basaltkuppen des Hohenkrähen und Hohenstoffeln auf den stolzen Beherrscher dieser Landschaft, den Burgsitz der Herzogin Hadwig, den Hohentwiel vorbereiten; er wies mir die Stelle, wo der wackere Schwinger der Cambutta, der Leutpriester von Radolfzell, den jungen Mönch von St. Gallen erst so unsanft empfing und dann so freundlich bewirthete; er zeigte mir über das Röhricht des Untersees hinweg die stumpfen Thürme der grauen Kirche, in welcher die Mönche der Reichenau beim Herannahen des Hunnensturms den schwachsinnigen Heribald und das Kelchgefäß aus Glasfluß zurückgelassen hatten. Und er ließ mich am Abend in der neuerblühenden Bischofstadt Konstanz rothen Meersburger kosten, hundertschlündigen Meersburger, dem einst der Kämmerer Spazzo, ohne den Rechten seiner Herrin etwas zu vergeben, so ruhmwürdig erlegen ist.

Nach meiner Empfindung gehört es zu den größten Reizen des Reisens in Deutschland, daß man bald hier bald da, oft ganz unvermuthet und dann um so wirksamer, in Dichters Landen vom Genius bewirthet wird. Die Schotten haben mit vollem Recht an der schönsten Straße von Edinburg ihrem Nationaldichter ein prachtvolles Denkmal errichtet; denn Sir Walter Scott hat Schottlands Landschaft dichterisch entdeckt und verklärt, und seine Dichtungen sind es, durch welche die früher gemiedenen Hochlande zum Reiseziel für Tausende und Abertausende geworden sind. Deutschland hat auch in diesem Punkte, wie in so viel anderen, alle Vorzüge und alle Nachtheile der Mannichfaltigkeit aufzuweisen, die nun einmal in dem Gange seiner ganzen geschichtlichen Entwickelung liegt. Wir haben, wenn man von Weimars geweihten Stätten und von der durch Richard Wagner's Tondichtung mit neuem Glanz umwobenen Wartburg absieht, keine Stelle in Deutschland, in welcher sich die historischen, literarischen und poetischen Erinnerungen des Landes so concentriren wie im Holyrood-Palast in Schottlands Hauptstadt oder wie in der Londoner Westminster-Abtei. Keine unserer deutschen Kirchen steht in unserem Nationalbewußtsein auf einem so dominirenden Gipfel wie bei unseren westlichen Nachbarn die Kathedrale von Rheims oder gar Notre-

Dame, deren Thürme, um mit Béranger zu sprechen, für jeden richtigen Franzosen den Mittelpunkt des Universums bilden. Dafür aber giebt es in Deutschland wenig Landschaften, denen nicht durch lokale Erinnerungen und Monumente ein besonderer Charakter aufgeprägt ist, und viele, bei denen dieser Charakter durch die Feuerprobe dichterischer Verklärung bleibenden Werth erhalten hat.

Vollständigkeit liegt nicht im Rahmen dieser Betrachtungen; sie begnügen sich, auf Einzelheiten aufmerksam zu machen, um ihre freundlichen Leser zu reichhaltigeren eigenen Wahrnehmungen auf Reisen in Deutschland anzuregen. Daher muß auf eine umfassende Heerschau über diejenigen unserer Dichter, denen wir für die poetischen Verherrlichungen einzelner deutscher Gebiete zu Dank verpflichtet sind, hier verzichtet werden. Mit Bedauern unterlaß ich es, die persönlichen Dankesschulden, die ich unterwegs eingegangen bin, hier gebührend abzutragen. Nur für wenige Landschaften mögen noch einige Bemerkungen vergönnt sein.

Landesdichter des Elsasses. Daß das Elsaß, unser wiedergewonnenes Land, kerndeutsch ist und trotz zweihundertjähriger Fremdherrschaft auch Gott sei Dank kerndeutsch geblieben ist, steht wohl bei Jedem fest, der das Reichsland etwas näher kennt, als man es auf der landläufigen Durchreise von Basel mit dem Schnellzuge nach Straßburg und dort bei flüchtigem Aufenthalt kennen zu lernen vermag. Als echte Deutsche haben sich die Elsasser, und hierbei auch die Straßburger Meisenlocker voran, erwiesen in der Zähigkeit, mit welcher sie den Franzosen gegenüber deutsche Art und Sitte bewahrt haben, und echt deutsch ist es wiederum, daß sie nicht im Handumdrehen nach dem Frankfurter Frieden sich der Nation, mit der sie viele Generationen hindurch Süß und Sauer getheilt hatten, als Feinde gegenüberstellen und verbrennen wollten, was sie kurz vorher angebetet hatten. Ganz treffend sagte mir vor einigen Jahren die hübsche junge Wirthin im Weilerthal, die mich französisch ansprach und der ich lächelnd bemerkte, sie spräche doch gewiß deutsch: „Jo, Herr, ich kann's scho; aber früher, wenn man ditsch g'redt hat, ist man b'stroft worde, und jetzt soll'n mer's bräuche!"

Zweihundert Jahre, und viele ruhmvolle Jahre darunter, lassen sich nicht wegwischen wie Kreide von einer Schiefertafel. Aber der Grund ist deutsch, kerndeutsch, und wer hieran zweifelt, der gehe nur hinein in die Vogesenthäler und erquicke sein Herz an dem lieblichen alemannischen Deutsch, das ihm entgegenklingt, sobald man nur über die ersten Floskeln conventioneller Höflichkeit hinweg ist. Er lese den Pfingstmontag, in welchem Georg Daniel Arnold seine Straßburger Landsleute auf das Ergötzlichste geschildert hat, ein Stück, das dem alternden Goethe seine Jugendzeit im Elsaß wieder vor die Seele geführt und das er wegen der Klarheit des Anschauens und der geistreichen Darstellung des Einzelnen gelobt hat; ein Stück, das noch heute den vollen Beifall des Straßburger Publikums findet. Er lese die lieblichen deutschen Gedichte, in denen Gustav Mühl, die

Brüder Stöber, Dan. Hirtz, Karl und Ludwig Schneegans und andere elsässische Poeten die Vergangenheit und die Gegenwart ihres Heimathslandes, die nach innen bedächtige, nach außen frisch zugreifende Sinnesart seiner Bewohner mit liebevoller Treue wiedergegeben haben.

Ob der Verfasser der Elsässischen Geschichten, die vor einigen Jahren in zwei stattlichen Bänden erschienen sind, ein Kind des Elsasses ist, weiß ich ebensowenig wie ob Wilhelm Sommer sein wirklicher Name oder ein nom de plume ist. Das Betonen des jüdischen Elements, das ja im Elsaß stark vertreten ist, sowie die geflissentliche Neutralität, mit welchen diese Geschichten auf dem französisch gebliebenen Abhange der Vogesen nicht minder als auf dem wieder deutsch gewordenen sich bewegen, sprechen dafür, daß ihr Verfasser den Kreisen, aus welchen die vorhin genannten elsässischen Landesdichter stammen, nicht angehört. Aber wie dem auch sein möge: Land und Leute kennt Wilhelm Sommer und weiß er mit scharfer und doch liebevoller Beobachtungsgabe und mit sicherer Hand treffend darzustellen. Seine Geschichten führen in die Thäler, die von der welschen wie von der deutschen Seite tief in den Wasgenwald einschneiden, und bis auf die kahlen Kuppen und Hochflächen des Gebirgskammes; sie veranschaulichen die Mischung von Wald-, Land- und Fabrikwirthschaft, welche einen der charakteristischen Züge des Elsasses ausmacht, und stellen uns die Bevölkerung, die auf beiden Seiten der Vogesen haust und über die Berge hinweg trotz der neuaufgerichteten Grenze in vielfältiger Berührung geblieben ist, in lebensvollen Typen vor die Augen. Eine seiner Lieblingsfiguren, der blondbärtige Dani aus dem Münsterthal, ist ein richtiger Vertreter der rossekundigen elsässer Bauern, deren Söhne früher Frankreichs beste Kavalleristen waren und jetzt mit wachsendem Stolz in den Reiterregimentern der deutschen Armee als schmucke Freiwillige dienen. Ebenso ist Tobi, der philosophische Hausknecht der „goldenen Kanone“ zu Blaise-la Roche oben im Breuschthale, ein trefflicher Repräsentant der zipfelmützigen Biedermänner, die man in den anheimelnden Wirthshäusern der Vogesenthäler als treulich und heiter wirksame Factotums antrifft. Die trübere Auffassung dieses Berufs kommt in dem Dialog zur Geltung, der, den Straßburger Bilderbogen entlehnt, hier zugleich als eine Probe der elsässischen Mundart ein Plätzchen finden möge.

Da klagt der trostlose Michel*):

I bin der Sündebock vun Alle zamme; Alles huckt uff mer; was Andri nit duen welle, mueß ich mache: 's Lewe-n-isch mer schun lang verleid.

Käthele: Weisch, Michel, die wo viel liide müen uff dere Welt, han's im Himmel deschdo besser, un . . .

Michel: Geh sie mer eweck mit em Himmel, Jumfer Katrin! i kann mer's inbilde, wi mer's dort

---

*) Strosburger Bilder Nr. 53. Verlag von A. Schneider, Kleberplatz Nr. 17.

gehe wurd: do wurds heiße Michel hinte, Michel vorne; Michel hänk de Mond nus, Michel zünd d' Sunn an, Michel butz d' Sterne, un was weiß ich was noch meh!

Bei Fritz Reuter. Unter Deutschlands mundartlichen Dichtern ist Keiner bekannter, Keiner mit höherem Recht allgemein verehrt und geliebt als Fritz Reuter. Seine Werke sind, soweit die niederdeutsche Zunge klingt, in Jedermanns Händen; sie werden auch in Süddeutschland trotz der Schwierigkeit, die das Plattdeutsche schwäbischen oder alemannischen Zungen bereitet, gern und viel gelesen; von den Gestalten seiner „Ollen Kamellen", seiner „Läuschen und Rimels" haben nicht wenige in ganz Deutschland unvergängliches Bürgerrecht erlangt. Aber wer ihn voll genießen will, der gehe nach Mecklenburg. Mecklenburg ist an sich ein durchaus bereisenswerthes Land. Fruchtbare Ackerbreiten dehnen sich über sanft gewellte Hügel und weite Niederungen; Buchenwald und Kiefernforst zieht sich zwischen schimmernden Landseen bis an den Ostseestrand, den einige unserer angenehmsten Sommerfrischen, wie Boltenhagen, Doberan, Warnemünde, Müritz schmücken. Unter den Städten sind manche, die wie Schwerin mit seiner waldumsäumten Seekette, Ludwigslust mit dem wildreichen Park, Neu-Brandenburg mit seinen wohlerhaltenen Thorthürmen und dem unvergleichlichen Baumgang um die Wälle, die Seestädte Rostock und Wismar mit ihren mächtigen Kirchenbauten, auch den verwöhntesten Sight-seer zu befriedigen vermögen.

Aber das Anziehendste an Mecklenburg sind die Mecklenburger. Ich komme nie ins Land, ohne mich schon im Voraus darauf zu freuen, daß ich einige Reutersche Geschichten erleben werde, und meine auf langjährige Erfahrungen gestützte Hoffnung hat mich noch niemals getäuscht. Schon der herzige Ton ihres Hochdeutsch ruft die angenehmsten Erinnerungen wach, und wie freut man sich, wenn im Laufe der Verhandlung der feierliche Titel einem zutraulichen Kindting Platz macht. Oder wenn am Familientische Vatting und Mutting statt Papa und Mama angesprochen werden. Als ich vor Jahren einmal auf der Fahrt nach Rostock den Bahnhof Stavenhagen passirte, stiegen dort vier Männer in mein Coupé, die ihre heitere Unterhaltung alsbald fortsetzten. Sett di dal, Korl, hieß es zu dem Längsten, der stehend mit der Verstauung des Handgepäckes beschäftigt blieb, auch nachdem der Zug sich schon in Bewegung gesetzt hatte. Sett di dal; wenn Du mit'n Kopp die Lantirn rutestöttst, dann mügst Du woll von baben dal ins Freie kieken; awer wenn Du den Kopp taurüggtrecken wullst, dann könntest Du es nich, denn die Nes snappt nich in. — Und wer mit Mecklenburgern geschäftlich oder persönlich näher verkehren kann, der nimmt mit Freuden in allen Volksklassen eine glückliche Mischung wahr von gesundem Menschenverstand und tiefer Herzensgüte, von unverwüstlichem Humor und charakterfestem Ernst, die aufs Unzweideutigste erkennen läßt, wie sehr der Dichter der „Stromtid“ und von „Hanne

Rüte“ bei der Schilderung seiner Landsleute aus dem Vollen zu schöpfen vermocht hat.

Theodor Fontane und Wilibald Alexis, die Dichter der Mark. Unsere Mark Brandenburg, früher als des Heiligen Römischen Reichs Streusandbüchse arg verrufen, fängt allmählich an, selbst von unsern süddeutschen Landleuten besser gewürdigt zu werden. Ich weiß manchen modernen Schwaben oder Baier, dem es der unaufdringliche stille Reiz der märkischen Landschaft, ihr den Süddeutschen überraschender Wald- und Wasserreichthum nach und nach angethan haben, und der schließlich als ein aufrichtiger Freund märkischer Wanderfahrten von uns gegangen ist. Auf solchen Fahrten empfindet man, wieviel die Mark ihren Dichtern schuldet. Wohl über kein deutsches Land ist von Anbeginn seiner Geschichte bis ins gegenwärtige Jahrhundert hin das glühende Plätteisen des Krieges so oft und so unbarmherzig hergezogen wie über die Mark. Darum ist sie ärmer als viele andere Gebiete an Baudenkmälern, und die sie besitzt, liegen zum Theil weitab von der Touristenstraße, wie Kloster Lehnin, oder haben in den Zeiten der Noth alles eingebüßt, was von ihrer Geschichte Zeugniß ablegen könnte, wie Chorin, die gänzlich denkmalberaubte Grabstätte der Ascanier. Um so aufrichtigern Dank verdient die liebevolle Pietät, mit welcher Theodor Fontane in seinen Wanderungen durch die Mark allen geschichtlichen Erinnerungen seiner Heimathsprovinz nachgegangen ist und manchen halbvergessenen Zug in das Gedächtniß seiner Landsleute zurückgerufen hat.

Aber der dichterische Entdecker unserer Vergangenheit ist nicht er gewesen, sondern sein Vorgänger und Stammgenosse Wilibald Alexis, der in einer Reihe von Erzählungen, wie sie keine andere deutsche Provinz aufzuweisen vermag, die Geschicke der Mark von den Tagen des falschen Waldemars bis zu den Freiheitskriegen in lebensvollen Bildern dargestellt hat. In manchen seiner Romane erhebt sich die Kraft seiner Schilderung zu epischer Höhe; die Heldengestalten der Männer, welche die Grundlagen der brandenburg-preußischen Monarchie legten, dem jungen Staat im Kampfe gegen das wider ihn verbündete Europa Anerkennung und Machtstellung errangen und ihn aus tiefem Fall zu neuem Aufschwung emporhoben, schreiten in schlichter Größe und ohne Aufwand pathetischer Geberden an dem Leser vorüber.

Der unvergänglichste Reiz seiner Dichtungen liegt indessen in dem tiefen Erfassen und der treuen Wiedergabe der Eigenart des Landes. Es giebt kaum ein Fleckchen zwischen Elbe und Oder, das ihm unbekannt geblieben wäre; er ist im Teltow und im Barnim ebenso bekannt wie in der Priegnitz, der Uckermark, dem Schenkenländchen und der Zauche. Die Rohrbrüche der Oderniederung, die sumpfigen Wiesen des Havellandes, die Torfmoore am Rhyn und an der Dosse, die Sanddünen des Flämings, vor allem aber die märkische Waldlandschaft mit ihrer so charakteristischen Mischung von Sand und Sumpf: sie treten uns in seinen Büchern immer wieder und wieder auf das Anschaulichste vor die Augen. Die kleinen Städte — ich erinnere nur an die vortreffliche Schilderung von Gransee und Treuenbrietzen im falschen Waldemar — die Dörfer, die Gutshöfe, die Pfarrhäuser, die einsamen Fährkrüge, die abgelegenen Heideschenken haben in diesem deutschen Walter Scott einen Darsteller gefunden, der seinem schottischen Vorgänger an leidenschaftlicher Vaterlandsliebe gleichkommt und ihn an Mannichfaltigkeit und Tiefe der dichterischen Auffassung weit übertrifft*).

Wer die Mark Brandenburg bereist, wird seinen Spuren oft und unvermuthet begegnen. So in den Waldschluchten am Havelufer, wo sich die vornehmen

*) Es ist mir eine besondere Freude, diesen vor mehr als Jahresfrist niedergeschriebenen Worten über Wilibald Alexis die Würdigung hinzufügen zu können, welche dem lange verkannten Dichter der Mark jetzt in dem neuesten Bande von Heinrich von Treitschke's Deutscher Geschichte im Neunzehnten Jahrhundert (V. S. 384 f.) zu Theil geworden ist. „Ueberall echt märkische Charaktere, knapp und scharf, treu und tapfer, nicht ganz so übermäßig sittsam wie die meisten Helden Scott's; Kerneichengewächs, aus dem sich wohl das Holz zu einer Großmacht schnitzen ließ. Und wie köstlich war die seit den Kräutersalat-Versen des guten Schmidt von Werneuchen und dem Spotte Goethe's so viel verhöhnte märkische Landschaft verklärt: die im Abendlichte glühenden rothen Kiefernstämme, das mittägliche Schweigen der schwülen öden Heide, die blauen Seen mit dem einsam kreisenden Reiher darüber . . .“

Schnapphähne aus dem „Roland von Berlin“ zu verstecken suchten. Oder im Jagdschloß von Wusterhausen, wo das Fräulein von Schapelow in „Dorothe“ mit den Entführern rang. Oder wie mir's noch neulich auf der Fahrt von Luckau nach Finsterwalde erging, wo ich in einem verlassenen Waldwirthshause inmitten sandiger Kiefernheide das Urbild des Wendenkruges zu erkennen meinte, in welchem der Held des „Cabanis“ eine so unheimliche Nacht zubrachte.

Unterwegs mit Gustav Freytag. Das poetische Revier von Gustav Freytag ist im Gegensatz zu Fritz Reuter und Wilibald Alexis ein weit ausgedehntes; es umfaßt in Ost- und in Mitteldeutschland sehr verschiedene Provinzen, die erhebliche Unterschiede der Bodengestalt, des Anbaues und der Bevölkerung aufweisen. Der Schauplatz der Ahnen, der sich in ihren Anfängen auf Thüringen beschränkt, erweitert sich schon im Nest der Zaunkönige auf benachbarte Gebiete in Hessen und Franken; er dehnt sich in der Folge auf die deutschen Ansiedelungen im Weichselthal aus und umspannt weiterhin die Stammlande der preußischen Monarchie; während in Soll und Haben die Eigenart ihrer wichtigsten Neuerwerbungen in Schlesien und Posen auf das Anschaulichste dargestellt ist.

Ich bin Freytag's dichterischen Spuren an weit von einander entfernten Stellen, aber immer mit gleichviel Nutzen und Vergnügen, begegnet. In Thüringens vielbesungenem Waldrevier, unter den

Fürstensitzen und Edelhöfen nordwärts wie südwärts des Rennsteiges giebt es wenig Plätze, die ihm, dem langjährigen Gastfreunde des Thüringer Landes, nicht zu Dank verpflichtet wären. Seine Schilderung der Klosterschule von Hersfeld stellt sich der von St. Gallen im Eingange des Ekkehard ebenbürtig an die Seite, und gern gedenkt, wer die hinreißend schönen Ruinen der Hersfelder Basilika betritt, des jungen Thüringers, der von dem Thurme dieser Kirche sehnsüchtig nach den Bergen hinschaute, an deren Abhang das Nest der Zaunkönige stand. Es war mir unerwartet, daß ich von diesem reizenden Buch in Hersfeld bei einem Besuche im Frühjahr 1889 kein Exemplar erhalten konnte; hoffentlich hat diese Nachfrage dazu beigetragen, daß die Hersfelder Buchhandlungen mit einem Werke, das den Ruhm der traulichen alten Stadt so machtvoll verkündet, sich jetzt besser versehen.

Glücklicher ist es mir in Gustav Freytag's Heimat ergangen. Als ich im Winter 1888 zum ersten Mal nach Kreuzburg fuhr, waren die Erinnerungen aus dem Leben des Dichters kurz vorher erschienen; ich hatte sie mit großer Freude gelesen und nahm sie mit auf die Reise. Ihnen hatte ich zu verdanken, daß ich in Kreuzburg vortrefflich Bescheid wußte, obwohl das oberschlesische Landstädtchen, das Freytag's Kinderjahre sah, sich seitdem in eine aufblühende industriereiche Kreisstadt mit lebhaftem Handel und Verkehr umgewandelt hat. Die Erinnerungen in der Tasche fuhr ich nach Pitschen, dem nahegelegenen Grenzstädtchen, dessen Bewohner mit den polnischen Nachbaren um das Heu der Prosnawiesen so mannhaft gestritten haben, und hatte mein lebhaftes Vergnügen an dem wohlerhaltenen Mauerring und den Thorthürmen des alterthümlichen Orts. Schon unterwegs waren mir zahlreiche Bauerwagen aus Schönwald begegnet, die nach Kreuzburg zu Markt fuhren, und aus deren Namensaufschriften sich erkennen ließ, daß das Geschlecht Freytag in seinem alten Heimatsdorf keineswegs im Aussterben begriffen ist. Und als ich auf der Rückfahrt in Schönwald halten ließ und mich in dem stattlichen Krug nach dem Freytag'schen Hofe erkundigte, fragte der Wirth, ob ich den großen Hof meine, von dem Gustav Freytag herstamme; er war hocherfreut, als ich ihm die auf Schönwald bezügliche Stelle in den Erinnerungen zeigte und gab sich trotz seines polnischen Namens als einen Freytag zu erkennen, denn seine Mutter sei eine Tochter jenes Schulzenhofes, dessen letzter Besuch dem Dichter der Ahnen so lebendig im Gedächtniß geblieben ist.

IV.

Wirthschaftliche, sittliche und sociale Zustände.

Kein Niedergang. Der Pessimismus, der in unseren Parlamenten, in der Tagespresse und in der Literatur das große Wort führt, will uns glauben machen, daß die wirthschaftlichen, die sittlichen und die socialen Zustände in Deutschland im Niedergang, oder wie das Modeschlagwort am Ende des Jahrhunderts lautet, in Decadenz begriffen seien. Ohne den weitverzweigten Wurzeln nachzugehen, aus denen diese trübe Auffassung hervorgewachsen ist und Nahrung schöpft, versuchen wir, sie auf Grund von unbefangenen Beobachtungen, wie sie ein in Deutschland reisender Deutscher tagtäglich zu machen Gelegenheit hat, nach ihrer Berechtigung zu fragen.

Wie steht es zunächst mit der „Verarmung" Deutschlands?

In der Landwirthschaft. Die Landwirthschaft, deren Wortführer zur Zeit die lautesten Klagen erheben, und die zweifellos mit schwerer Ungunst der Lage zu kämpfen hat, beschäftigt sich, wie wir uns aus früheren Betrachtungen erinnern, mit fortschreitender Vertiefung und Ausdehnung ihres Betriebes.

Von beginnender Erschöpfung oder auch nur Auspowerung des deutschen Bodens ist nichts wahrzunehmen. In den Zuckerprovinzen hört man wohl einmal von „Rübenmüdigkeit“ gewisser Aecker reden, aber bei genauerem Zusehen stellt sich heraus, daß an dieser Erscheinung entweder Verstöße gegen den Fruchtwechsel oder fehlerhafte Düngung oder aber schädliche Thierchen die Schuld tragen, welche der Zuckerrübe in ähnlicher Weise nachstellen, wie die Reblaus dem Weinstock. Ebensowenig kann eine Verschlechterung des Himmelstriches, der klimatischen Verhältnisse, der Wasserversorgung behauptet werden. Die Ausbreitung des deutschen Waldbesitzes, die feste und scharfe Aufsicht, welche in ganz Deutschland über die Schonung und Pflege des Waldes geführt wird, schützt uns vor Entwaldung der Höhen und erhält damit der Niederung die Wasserzuflüsse und die Bildung regenspendenden Gewölks. Hinsichtlich der natürlichen Bedingungen liegt für die deutsche Landwirthschaft nicht wie für andere Länder, namentlich in den südeuropäischen Halbinseln, eine Verschlimmerung oder gar Gefährdung, sondern eher eine fortschreitende Besserung vor.

Die ländlichen Besitzverhältnisse bieten bei uns, wie allerwärts und wie zu allen Zeiten, ein breites Feld für socialpolitische Erörterungen, theoretische Reformfragen und praktische Wahlagitation. Dem Verlangen der Landarbeiter nach eigenem Landbesitz — ein Verlangen, das alljährlich Tausende und aber Tausende von tüchtigen Landarbeiterfamilien zur Auswanderung treibt — sucht man in der Hitze des Wahlkampfs (heut wie in den Zeiten der Gracchen), durch Verheißungen von Bodenreform, von Auftheilung der Domänen oder von Beschränkung des Großgrundbesitzes zu schmeicheln. Die radikalen Parteien sind natürlich bereit, alle Schäden der Landwirthschaft durch Verstaatlichung des Grundbesitzes und der landwirthschaftlichen Betriebsmittel zu heilen. — In Wirklichkeit besteht in Deutschland eine Mischung des großen, des mittleren und des kleinen Grundbesitzes, um welche uns andere Völker beneiden. Diese Mischung zeigt, wie wir uns schon früher überzeugten, in den verschiedener Gebieten erhebliche Abweichungen. Großgrundbesitzungen von zehn- und zwanzigtausend Hektaren, wie sie im Osten, namentlich in den Waldfürstenthümern von Schlesien, Posen, Preußen, hier und da vorhanden sind, kommen im Westen nicht vor; auch überwiegt der ackerbauende Rittergutsbesitz des Ostens den des Westens in beträchtlichem Maße. Aber auch im Osten ist die Zahl spannfähiger Bauernhöfe und mittlerer Gutsbesitzungen an sich bedeutend und im Vergleich mit anderen Ländern geradezu hervorragend. Austreibungen des ländlichen Kleinbesitzes, Einlegung von Bauerstellen, wie sie in Großbritannien schließlich dazu geführt haben, das gesammte Areal in die Hände einer erschreckend kleinen Zahl großer Landlords zu bringen, werden bei uns nicht in besorgnißerregendem Umfange vollzogen, und finden in der Ansetzung neuer Stellen, in der wachsenden Ausdehnung der Rentengüter, in der Schaffung von Colonaten auf parzellirtem Großbesitz einen mindestens ausgleichenden Ersatz. Weder die Anhäufung des Großgrundbesitzes, vor welcher mit dem taciteischen „latifundia Italiam perdidere“ zu warnen herkömmlich ist, noch die Zersplitterung des ländlichen Besitzes, die von der anderen Seite unter dem Schreckbilde der Atomisirung des Bodens vorgeführt zu werden pflegt, haben in Deutschland einen Grad erreicht, der zu pessimistischer Betrachtung der Sachlage berechtigt.

Aber, heißt es, die Landwirthschaft rentirt nicht mehr. Was nützt es ihr, daß die Ertragsfähigkeit des Bodens jetzt nicht schlechter, sondern besser ist als früher; was hilft es, daß die Besitzverhältnisse bei uns eine günstigere Mischung von großen und kleinen Wirthschaften darstellen als anderwärts, wenn der Betrieb die Kosten nicht deckt? Diese Klagen, die, wie man sich erinnert, in größerem Umfange zuerst aus Anlaß der Reichstagsverhandlungen über den österreichischen und dann über den russischen Handelsvertrag auftraten, sind durch den in Folge einer Reihe von ungewöhnlich reichen Ernten eingetretenen starken Preisdruck des Getreides zu einer solchen Höhe angeschwollen, daß sie auch an einer Stelle, die nur die Betrachtungen eines in Deutschland Reisenden sammelt, nicht übergangen werden dürfen. Bildet doch die Nothlage der Landwirthschaft zur Zeit zwischen Rhein und Weichsel das ergiebigste und zugleich das bestrittenste Gesprächsthema.

Niemand verkennt, daß der Absatz der landwirthschaftlichen Produkte durch das Auftreten der modernen Verkehrsmittel, durch Eisenbahnen und Dampfschiffe und den dadurch ermöglichten Mitbewerb der ausländischen und namentlich der überseeischen Erzeugnisse eine durchgreifende Veränderung erfahren hat. Diese Veränderung ist viele Jahre hindurch den Landwirthen zu Statten gekommen; sie hat ihnen den Absatz ihrer Ernten erleichtert und einträglicher gemacht, indem sie ihnen Märkte erschloß, die früher nach Maßgabe der Transportverhältnisse für sie unerreichbar waren; sie hat ihnen durch Zufuhr künstlicher Dungstoffe, durch Verbesserung der Geräthe u. dgl. eine Intensität des Betriebes ermöglicht, die früher unbekannt war. Dadurch hat der Werth des Grundbesitzes eine Höhe erreicht, die noch vor einem Menschenalter nicht entfernt geahnt wurde.

Inzwischen hat sich der Kreis der ausländischen Mitbewerber immer mehr erweitert. Zu Rußland und Ungarn ist Nordamerika hinzugekommen, das seinem jungen Boden immer gewaltigere Weizenernten abgewinnt; ihnen haben sich die indische, die ägyptische und neuerdings in steigendem Umfang die argentinische Getreideeinfuhr zugesellt. Jetzt ist der Absatz des deutschen Getreides und sein Preisstand von dem Ausfall der Ernte in Rußland, Ungarn, Indien und Amerika, kurz von dem Stande des Weltmarktes in einer Weise abhängig, welche die deutschen Landwirthe mit ihren Interessen unvereinbar finden, ja durch welche Viele von ihnen ihre Existenz für bedroht erklären.

Ohne die Nachtheile zu verkennen, mit denen die deutsche Landwirthschaft im Wettkampf mit dem Auslande zu ringen hat, darf doch auch bei der gegenwärtig sehr ungünstigen Sachlage die Frage nicht außer Betracht bleiben, ob diesen Nachtheilen im Vergleich gegen früher nicht auch Vortheile gegenüberstehen. Von mancher der Landwirthschaft durchaus freundlich gesinnten Seite wird dies bestimmt behauptet, von Anderen leidenschaftlich bestritten. Die Ersteren[1]) weisen auf die Steigerung hin, welche die landwirthschaftliche Rohproduktion bei uns im letzten Menschenalter erfahren hat und deren sie, wie sie behaupten, noch in einem sehr beträchtlichen Maße weiter fähig ist. Sie betonen, daß wirthschaftlich begründete, solide Kreditbedürfnisse durch die jetzigen Einrichtungen billiger und allgemeiner befriedigt werden als unter den früheren Verhältnissen. Sie bringen Mittel in Vorschlag, um den landwirthschaftlichen Kredit noch wirksamer zu verbessern. Sie fordern stärkere und ausgiebigere Vorbildung der landwirthschaftlichen Betriebsleiter für ihren Beruf. Dem gegenüber erklären Wortführer der agrarischen Bewegung, daß die Zeit der kleinen Mittel vorüber sei und nur von durchgreifenden Maßregeln, von dauernder Sicherstellung höherer Preise für die inländischen Erzeugnisse wirksame Hülfe erwartet werden könne.

---

[1]) Vgl. z. B. die lehrreiche Darstellung bei Th. Freih. von der Goltz, die agrarischen Aufgaben der Gegenwart, Jena 1894, S. 113 ff.

Eine Feststellung des status causae et controversiae der agrarischen Bestrebungen oder gar eine Abwägung des Für und Wider zu unternehmen, kann nicht in der Absicht dieser Betrachtungen liegen. Sie müssen sich begnügen, darauf hinzuweisen, daß neben den Schatten, welche die moderne Verkehrsentwicklung über den Wirthschaftskreis der deutschen Landwirthschaft wirft, auch Lichtseiten vorhanden sind, die billigerweise nicht vergessen werden dürfen. Ob das Licht vorwiegt, oder der Schatten, darüber werden die Ansichten, je nach dem Standpunkte des Betrachters, wohl immer getheilt bleiben. Sind sie es doch unter den Landwirthen selbst. Einer ihrer tüchtigsten Vertreter hat im preußischen Abgeordnetenhause[1]) vor allzu pessimistischer Auffassung der Dinge und vor dem Versuche, die jetzigen Zustände durch Eingreifen der Gesetzgebung auf frühere Zeiten zurückzuschrauben, nachdrücklich gewarnt; er hat seine auf langjährige Erfahrung gestützte Meinung offen dahin ausgesprochen, daß es noch keine Zeit gegeben habe, wo alle Schichten des Volks sich so wohl haben fühlen können, und wo der Lebensgenuß aller Menschen ein so hoher geworden ist, wie heute. Und wenn er hinzugesetzt hat, daß er relativ mit Behagen aus seinem Fenster hinaussehen könne auf seine Scholle, und daß er dies lediglich aus eigener Kraft in angestrengter Arbeit erreicht habe: so darf dieser Fall glücklicher-

[1]) Rede des Abg. Schultz-Lupitz, stenographischer Sitzungsbericht vom 4. Juli 1893.

weise in Deutschland nicht als vereinzelt betrachtet werden. Wer die ländlichen Verhältnisse einigermaßen kennt, dem steht eine stattliche Zahl von deutschen Landwirthen vor Augen, die sich durch Sachkunde, Thatkraft und Ausdauer auch ohne ererbtes oder erheirathetes Kapital zu Wohlstand, bei gutem Glück zu noch mehr emporgearbeitet haben.

In Handel und Industrie. Auf Rosen gebettet sind Handel und Industrie in Deutschland auch nicht. Die Zahl der großen Loose ist auch bei ihnen gering, und sie fallen keineswegs „mühlos aus der Götter Schoße“ herab, sondern müssen in harter Arbeit errungen werden. Auch auf diesem Gebiete fehlt es nicht an Klagen, an Gründen zur Unzufriedenheit, an Wünschen nach Besserung. Unseren Seestädten ist es nicht leicht geworden, sich in den Uebergang der deutschen Zollpolitik vom gemäßigten Freihandel zu einem den Bedürfnissen der Landwirthschaft und der Industrie angepaßten Schutzzollsystem hineinzufinden. Namentlich die Ostseehäfen haben jede Erschwerung des Transithandels, auf den sie ihrer Lage nach angewiesen sind, hart empfunden. Für die ganze deutsche Seeküste von Emden bis Memel macht sich überdies die Umwandlung der Seeschiffahrt vom Kleinbetrieb der Holz- und Segelschiffe in den Großbetrieb der Eisen- und Dampfschiffe in hohem Grade fühlbar. An der Weser, der Trave und der Warne, an den Oder- und Weichselmündungen hat manche Werft, auf welcher nach altem Brauch Holzschiffe gezimmert wurden, geschlossen werden müssen. Mit Leidwesen sieht man in altberühmten Hafenplätzen wie Memel, Stralsund, Wismar die Zahl der anlandenden und ausfahrenden Schiffe geringer werden und den Mastenwald am Hafenkai sich lichten. Auf dem deutschen Schiffbau, der deutschen Seeschiffahrt und dem deutschen Exporthandel lastet der Mitbewerb des Auslandes sicherlich mit nicht geringerem Drucke als auf der Landwirthschaft.

Aber auch hier fehlt es nicht an Lichtpunkten, an Anhalt für Ermuthigung und festes Ausharren. Deutsche Schiffswerften wie die des Vulcan bei Stettin, der Germania bei Kiel, die Schichau'schen Anlagen bei Danzig und Elbing haben in der Erbauung von Dampfschiffen den Kampf mit den Glasgower Werften muthig aufgenommen und führen ihn nicht ohne Erfolg. Die deutsche Rhederei sucht allenthalben ihren Platz zu behaupten; sie macht energische Anstrengungen, um statt der hölzernen Schiffe eiserne, statt des Segels den Dampf in Betrieb zu nehmen. Nicht bloß unsere großen Seetransport-Unternehmungen, wie der Norddeutsche Lloyd, dessen Entwicklung in einer äußerst lesenswerthen Schrift[1]) dargestellt worden ist, oder wie die Hamburg-Amerikanische Packetfahrt-Actiengesellschaft, sondern auch kleinere Vereinigungen und einzelne Unternehmer lassen die deutsche Flagge auf allen Meeren wehen. Bei der Besichti-

[1]) Der Norddeutsche Lloyd. Geschichte und Handbuch. Bearbeitet von Dr. Moritz Lindemann. Mit zahlreichen Abbildungen, Karten und Plänen. Bremen 1892.

gung des Postamts in Elsfleth am linken Weserufer fiel mir vor einigen Jahren auf, daß die Einnahme an Telegraphengebühren der an Postgefällen nahezu gleichkam, während sie sonst nur einen Bruchtheil der letzteren auszumachen pflegt. Dies ungewöhnliche Verhältniß findet seine Erklärung darin, daß die Rheder von Elsfleth zahlreiche Schiffe in den ostasiatischen Meeren und auf dem Stillen Ocean besitzen, deren Fahrten und Verfrachtung zum großen Theil durch Telegramme aus der Heimath geregelt werden. Für die Wiederaufnahme der deutschen Hochseefischerei, für eine wirksame Verbesserung ihres Betriebes durch Einstellung von Dampfkuttern ist man in Emden, Geestemünde, an der niederen Elbe und an den Ostseeküsten mit wachsendem Eifer thätig. Daß die deutsche Seefischerei sich in reicherem Maße als bisher an den Ernten betheiligt, welche von englischen, holländischen, französischen und norwegischen Fischerbooten aus den unerschöpflichen Fischgründen des deutschen Meeres, wie die Nordsee englisch genannt wird, hervorgeholt werden, ist ein Ziel, das muthig in Angriff genommen und mit stärkerem Einsatz von Seiten des Großcapitals betrieben zu werden verdient.

Ob der im Juni 1895 vollendete Nordostseekanal für die internationale Schiffahrt eine so hohe Bedeutung erlangen wird, wie sie ihm die Betheiligung aller Seemächte des Auslandes an der Eröffnungsfeier zu versprechen scheint, wird die Zukunft lehren. Aber daß ein Werk von solchem Umfang ausschließlich mit deutschem Geld in Angriff genommen und in der verhältnißmäßig kurzen Bauzeit von acht Jahren zu Stande gebracht worden ist, darf sich die Gegenwart wahrlich nicht als ein Zeichen von Deutschlands wirthschaftlichem Rückgang ausdeuten lassen. Und diesem Riesenwerke treten andere Unternehmungen] von größtem Umfange, wie der in der Ausführung begriffene Dortmund-Emskanal, zur Seite; ihm reiht sich die mit Nachdruck und Erfolg systematisch betriebene Vertiefung und Verbesserung der Binnenwasserstraßen Deutschlands an. An der Oder, an der Elbe und Weichsel sind umfassende Arbeiten zur Herstellung verbesserter Fahrrinnen im Gange; die Correction der Unterweser ist, nach einem Plan des hochverdienten bremischen Baudirektors Franzius, von dem bremischen Freistaat mit einem Aufwande von einer stattlichen Zahl von Millionen glänzend durchgeführt worden. Der Centralverein für Hebung der deutschen Fluß- und Kanalschiffahrt stellt in der Festschrift, die er im Mai 1895 zur Feier seines 25 jährigen Wirkens herausgegeben hat, mit Genugthuung fest, daß die Fahrtiefe unserer Ströme fast mit jedem Tage zunimmt, und daß sie heut durchschnittlich das 2—3 fache des vormaligen mittleren Wasserstandes erreicht, während sich die Tragfähigkeit der heut möglichen Fahrzeuge auf das 3—4 fache erhöht hat.

Ueber die deutschen Colonialbestrebungen gehen die Ansichten ja weit auseinander. Begeisterten Anhängern stehen grundsätzliche Gegner jeder Colonialpolitik gegenüber; andere Gegner verwerfen die Unterstützung aus Reichs- und Staatsmitteln und wollen die ganze Sache von vornherein auf die eigenen Füße von Privatunternehmern stellen. Die Aussichten auf Erfolg, der Werth des bisher Erreichten, die Entwicklungsfähigkeit unserer Schutzgebiete in Ost-, West- und Südwestafrika sowie in Australien werden lebhaft in Frage gezogen. Hatte man Anfangs vor übertriebenen Hoffnungen zu warnen, so ist jetzt darauf hinzuweisen, daß zehn Jahre nicht ausreichen, um ein irgendwie zutreffendes Urtheil über das junge Unternehmen zu ermöglichen. Wer Deutschland einigermaßen kennt, wird sich übrigens nicht darüber wundern, daß den Colonialbestrebungen nicht bloß an der Wasserkante, sondern tief bis ins Binnenland hinein ein lebhaftes Interesse entgegengebracht wird. Denn es gibt außer England wohl kein Land der Erde, dessen Bewohner so zahlreiche überseeische Beziehungen haben, wie Deutschland. Seit einem halben Jahrhundert flutet alljährlich ein Strom von deutschen Auswanderern über den Ocean, der keineswegs in allen oder auch nur in den meisten Fällen die Brücken hinter sich abbricht, sondern in der überwiegenden Mehrzahl der Fälle auch in der neuen Heimat mit der alten in regem Verkehr bleibt. Es gibt ganze Provinzen in Deutschland, wo kaum ein Nachlaß ohne Mitinteressenten in Amerika geregelt werden kann. So bleiben enge Familienbeziehungen zwischen hüben und drüben bestehen, die auch den zu Haus Gebliebenen den Blick und das

Interesse für überseeische Dinge schärfen. Daneben stehen die wichtigsten und zahlreichsten Geschäftsverbindungen, die, wie aus dem keineswegs alleinstehenden Remscheider Beispiel ersichtlich, in geradezu überraschend zahlreichen Fällen die persönliche Bekanntschaft des deutschen Geschäftsmannes mit den örtlichen Verhältnissen seines überseeischen Absatzgebiets, nicht selten seine gelegentliche Anwesenheit in Süd- und Mittelamerika, in Ostasien, am Kaplande u. s. w. erfordern. Und auch wo Deutsche nicht als Geschäftsherren mit dem Ausland arbeiten, sind sie für englische, belgische, französische Häuser in ausgedehntem Maße als überseeische Reisende thätig. Diese Thatsachen, und nicht bloße unklare Gefühlsschwärmerei, liegen der Ausdehnung zu Grunde, welche der deutsche Colonialverein mit seinen zahlreichen Filialen über ganz Deutschland gewonnen hat; sie rechtfertigen das Interesse, mit welchem im Rheinland nicht minder als in Niedersachsen, am Erzgebirge wie in Schwaben die Entwicklung unserer Niederlassungen in Neuguinea, an der Ost- und Westküste von Afrika verfolgt, und die Ausdauer, mit welcher für ihr Gedeihen und für die Wohlfahrt der draußen thätigen Landsleute gesorgt wird. Auf welcher Seite man stehen möge: auf keinen Fall läßt sich der Umstand, daß Deutschland am Ende des 19. Jahrhunderts bei der Besiedelung von Afrika und von Neuguinea mit Mächten in Mitbewerb getreten ist, deren Colonialbesitz aus dem 16. und 17. Jahrhundert herstammt, als ein Symptom mangelnden Unternehmungsgeistes und mangelnder Kapitalskraft, als ein Zeichen von Deutschlands wirthschaftlichem Rückgang auslegen.

Als ein solches läßt sich ebensowenig die Ausdehnung unserer Großindustrie auffassen. Mag bezweifelt werden, ob diese Ausdehnung und der Umfang, den sie erreicht hat, überall auf gesunden Grundlagen beruhen, ob der Zusammenfluß von Arbeitermassen, wie er in den Industriebezirken am Niederrhein und an der Ruhr, an der Saar, im Mansfelder Bergbaugebiet u. s. w. in starkem Maße stattfindet, ob das Anwachsen der Fabrikarbeit im Oberelsaß, in den sächsischen, lausitzischen und schlesischen Weberorten aus gesundheitlichen und sittlichen Gründen erwünscht ist: darüber ist nicht zu streiten, daß diese Industriestätten mächtige Faktoren der gesammten deutschen Arbeit, des gesammten Wirthschaftslebens der Nation sind, und daß sie Deutschlands Gesammtwohlstand riesig vermehrt haben. Die Leistungsfähigkeit des deutschen Gewerbefleißes im Kampfe mit dem scharfen Mitbewerb der englischen, französischen und nordamerikanischen Industrie ist durch den glänzenden Erfolg Deutschlands auf der Weltausstellung in Chicago, unter Auswetzung einer früher erlittenen Scharte, erst neulich auf das Unzweideutigste dargethan worden. So viel ist sicher: eine Verarmung Deutschlands kann in dem Zustande, in welchem die deutsche Industrie sich befindet, nicht erblickt werden.

Im Städtewesen. Kann man ferner ernstlich von einem wirthschaftlichen Niedergange unseres Städtewesens sprechen? Hinsichtlich unserer Großstädte ist eher die Klage berechtigt, daß ihr Anwachsen allzu schnell, daß es auf Kosten der Landbevölkerung erfolgt, und daß die Anhäufung so ungeheurer Menschenmassen, wie sie in Berlin, in Hamburg, Breslau, Leipzig Wohnung und Beschäftigung suchen, zu schweren socialen Bedenken Anlaß gibt. Wirthschaftlich haben sich die deutschen Großstädte den Aufgaben, die ihr rapides Anschwellen erzeugt, bisher in allen wesentlichen Punkten gewachsen gezeigt. Die Besorgnisse, welche von mancher Seite an den Wegfall landesherrlicher Hofhaltungen geknüpft wurden, sind durch die Entwicklung der davon betroffenen Städte auf das Vollständigste widerlegt worden. Von den Bischofsstädten am Rhein und am Main ist wohl keine, die nicht den Verlust der Landeshoheit ihrer früheren geistlichen Herrscher völlig verschmerzt hätte. Hannover, Kassel, Wiesbaden haben sich seit 1866 in einer Weise verschönert und vergrößert, welche die kühnsten Erwartungen übertroffen hat. Die Einwohnerzahl von Kiel hat sich seit der Einverleibung der Elbherzogthümer in den preußischen Staat, also in noch nicht dreißig Jahren, verdreifacht. In Frankfurt am Main ist man sehr zornig darüber gewesen, aus der Reihe der Freien Städte in die Stellung einer preußischen Provinzialstadt versetzt zu werden. Aber selbst die eifrigsten Verehrer der früheren Reichsherrlichkeit können nicht behaupten, daß Frankfurt durch den Verlust der Souveränität an seinem Wohlstande eingebüßt habe oder in seinem wirthschaftlichen

Aufschwunge, der übrigens jedem Besucher der schönen Mainstadt handgreiflich entgegentritt, irgendwie gehemmt worden sei.

Unter den deutschen Mittel- und namentlich unter den Kleinstädten befinden sich manche, deren Einwohnerzahl nach dem Ergebniß der fünfjährlichen Volkszählungen einen Stillstand, hier und da sogar einen Rückgang aufzuweisen hat. Die Kleinstädte sind in nicht wenigen Fällen bei der Neuorganisation der Gerichtsverfassung durch die Einziehung von Collegialgerichten empfindlich getroffen worden; ebenso ist die Zusammenlegung der Truppen in größere Garnisonsorte für manche kleinere Stadt ein herber Verlust gewesen. Allein es wäre übertrieben, aus diesen immerhin vereinzelten Vorkommnissen einen allgemeinen Niedergang unserer Kleinstädte herleiten zu wollen. Dem widerspricht schon der Augenschein. Wohin man in Deutschland kommt, findet man in unseren Städten die Werkleute mit der Wiederherstellung und Erneuerung der örtlichen Baudenkmäler beschäftigt. Mitunter sind diese Restitutionen dem Eingreifen des Reichs, des Staats oder gemeinnütziger Vereine zu verdanken. Die Katharinenkirche zu Oppenheim ist aus Reichsmitteln neu erstanden und gereicht mit den Glasmalereien der von deutschen Fürsten und Patriciern gestifteten Fenster der freundlichen Weinstadt zu nicht geringer Zierde. Für die Wiederherstellung des Hochschlosses der Marienburg werden die Mittel außer einem Staatszuschuß durch Sammlungen und Lotterien zusammengebracht. Auch die Erneuerung des Kaiserdoms zu Speyer, der Domkirche zu Merseburg, der Quedlinburger Stiftskirche, der St. Nikolauskapelle in Obermarsberg ist wohl überwiegend aus allgemeinen Mitteln erfolgt, von großen Nationalbauwerken, wie die Vollendung des Kölner Doms, der Thurmbau am Ulmer Münster, zu schweigen. Allein in nicht minder zahlreichen Fällen sind mittlere und kleine Städte bei Erhaltung und Wiederherstellung ihrer Kirchen, Thorthürme, Rathhäuser u. s. w. auf eigene Kosten kräftig vorgegangen. In Münster, Lüneburg, Osnabrück werden die Rathhaussäle als Zeugen der früheren Gemeindeverfassung in ihrem alten Glanz sorgfältig erhalten; in Tangermünde, Königsberg in der Neumark, Kochendorf sind die Rathhäuser, in Neu-Brandenburg, Gollnow, Pyritz, Stendal die Thorthürme pietätvoll erneuert worden. Die durch die Dauerhaftigkeit ihrer Stiefel weit bekannte märkische Landstadt Kalau hat sich neuerdings einen ebenso stilvollen als zweckmäßigen Rathhausbau geleistet. In dem freundlichen Schwarzwaldstädtchen Villingen haben gemeinnützig gesinnte Bürger in den Räumen des alten Rathhauses eine Sammlung von allen auf die Geschichte des Orts und der Landschaft bezüglichen Alterthümern, sowie von Kunst- und kunstgewerblichen Gegenständen aller Art eingerichtet. Neben Kaiserurkunden, die bis in sehr frühe Jahrhunderte zurückreichen, sind dort alle in Villingen gedruckte Bücher aufgestellt; man kann an Waffen und Rüstzeug, an Kleidern und Hausrath die Kulturentwicklung in einem lokal umgrenzten und dadurch um so wirkungsvolleren Bilde verfolgen. Auch von der Kunsttöpferei, die hier im 16. Jahrhundert mit Erfolg getrieben wurde, sind gute Musterstücke zur Stelle. — Soll daran erinnert werden, welche Fülle von Kriegerdenkmälern nahezu überall — ich habe sie nicht nur in den kleinsten Landstädten, sondern vielfach auch und manchmal recht hübsche in Dorfgemeinden gefunden — seit fünfundzwanzig Jahren in Deutschland errichtet worden sind? Wie seit 1888 die Städte, die Provinzen, die Staatsverbände im ganzen Deutschen Reich gewetteifert haben, Standbilder, Reiterstatuen, ganze Denkmalsgruppen zum Andenken Kaiser Wilhelms I. aufzustellen? In Monumenten, wie sie von der Rheinprovinz am Zusammenfluß des Rheins mit der Mosel, von den Westfalen auf der die Porta Westphalica überragenden Waldhöhe, von einem über ganz Deutschland verbreiteten Verband auf dem sagenumwobenen Gipfel des Kyffhäusers aufgeführt werden, kommt doch, neben der vaterländischen Gesinnung und der Begeisterung der Spender, auch der Fortschritt des Wohlstandes zum Ausdruck, den unbefangene Beobachtung in Deutschland allenthalben wahrnimmt. — Als ein besonders erfreuliches Zeichen dieses fortschreitenden Wohlstandes dürfen auch die Brunnenbauten angesehen werden, denen neuerdings, nach langer Vernachlässigung, an vielen Orten ein wiedererwachtes Interesse zugewendet wird. Ueber die öffentlichen Brunnen Berlins war bis vor wenig Jahren am besten zu schweigen; jetzt besitzt die Reichshauptstadt in der Meisterschöpfung von Reinhold Begas auf dem Schloßplatz ein Kunstwerk, das sich den Besten seiner Art anreiht. Unmittelbar daneben ist Adolf Hildebrands Wittelsbacher Brunnen in den Anlagen beim Karlsthor in München zu nennen, der dem Berliner durch die Fülle und das melodische Rauschen des reichlichen Wasserstroms sogar überlegen ist. Ein hervorragend schöner Brunnen ist auf dem Platze vor dem Rathhause in Stettin, nach einem vielbemerkten Entwurf von Ludwig Manzel, im Bau begriffen. Der bronzene Nixenbrunnen in Karlsruhe, eine Zierde der schönen Gartenpromenade, ist, wie mir erzählt wurde, von einem wohlhabenden Bürger gestiftet worden. Ein Beispiel, das Nachahmung verdient und sicherlich an manchen Orten bereits gefunden hat.

Im Handwerk. Zu den Klagen, die in der Presse und in den Landesvertretungen am lautesten geltend gemacht worden, gehört die über den Niedergang des deutschen Handwerks. Die Aufhebung des Zunftzwangs und der Wegfall der Innungsordnungen, die gesetzliche Einführung der Gewerbefreiheit und der Freizügigkeit sollen unseren Handwerkern das Standesgefühl und den Schutz organischer Gliederung geraubt, der Maschinenbetrieb der Großindustrie dem Handwerk den goldenen Boden entzogen haben. Ohne die durchgreifende Veränderung zu verkennen, welche die wirthschaftliche Lage unserer Kleingewerbe durch die moderne Gesetzgebung und die moderne Technik erfahren hat, und ohne in eine Erörterung darüber einzutreten, ob ihre Lage durch die Wiederbelebung der Innungen oder durch gesetzliche Beschränkungen der Gewerbefreiheit verbessert werden kann, möchte ich nur feststellen, daß nach den Wahrnehmungen, die sich unterwegs in Menge darbieten, die Leistungen des deutschen Handwerks in einem erfreulichen Aufschwunge begriffen sind. Bei der ausgedehnten Bauthätigkeit der Post wird von der Bauleitung Werth darauf gelegt, die Ausführung der Arbeiten möglichst Werkmeistern aus dem Orte selbst zu übertragen. Da die Postbauten grundsätzlich dem Stil der besten örtlichen Bauweise angepaßt werden, so treten an die bei ihnen beschäftigten Bauhandwerker, und zwar nicht bloß an die Maurer, Zimmerleute, Dachdecker, sondern auch an den Schmied, den Glaser, Töpfer, Klempner, Schlosser, Tischler, Maler Anforderungen in Betreff der anzuwendenden Formen und des Materials heran, die nicht selten über das landläufig Gebräuchliche hinausgehen. Trotzdem gelingt es bei einiger Geduld und beiderseitigem guten Willen in der Regel, diesen Anforderungen durch Leistungen von Ortsmeistern zu genügen. Mir sind zahlreiche Fälle gegenwärtig, in denen die Meister nach Vollendung der Arbeit ihre Freude über die ihnen dadurch zu Theil gewordene Anregung ausgesprochen haben. Auch kann man an vielen Orten verfolgen, wie diese Anregung bessere Bauausführungen, die Wiederaufnahme besserer Formen und gediegeneren Materials auch bei den Privatbauten zur Folge hat.

Bei dem uralten Städtchen Alzey unweit Worms,

das zum Andenken an einen von dort herstammenden Helden des Nibelungenliedes, Volker den Spielmann, eine Geige im Stadtwappen führt, stehen die umfangreichen Trümmer der altpfälzischen Burg, von denen man einen weiten Blick über die Rebhügel der Umgegend bis zur Rheinebene hinab und zu den Bergzügen an der Nahe hinauf genießt. An der Nordseite dieser Burgruine wurde mir eine von schlichtem Steingebälk eingerahmte Nische gezeigt, welche drei Bürger von Alzey, der frühere Postamtsvorsteher und zwei Handwerksmeister, zu Ehren des streitbaren Fiedlers errichtet haben. Sie enthält ein Fenster mit einem Glasgemälde, das die Gestalt Volker's mit dem Schwert und der Fiedel darstellt und die Umschrift trägt:

Zu Volkers Angedenken für immer
Han gemacht dies Messinger, Glaser und Wimmer.

Aehnliches wäre aus manchem Ort zu berichten. Allein ich breche ab, um weiter zu fragen, wie es um den von vielen Seiten behaupteten Niedergang der deutschen Sittlichkeit bestellt ist.

Kein Niedergang der deutschen Sittlichkeit. Daß die Menschen schlechter werden, ist eine nicht nur bei uns und nicht erst heute oft gehörte Meinung. Sie ist namentlich bei älteren Herren stark im Gange; selbst der gute Homer erweist sich, indem er geringschätzig von der Stärke der Männer, „wie jetzt die Sterblichen sind“, spricht, als ein laudator temporis acti. Auch frommer Glaubenseifer sagt der Mitwelt, wenn sie an der Unentbehrlichkeit oder der traditionellen Bedeutung von Dogmen zu zweifeln wagt, nicht selten die schlimmsten Dinge nach. Die pessimistische Auffassung der deutschen Sitten, der man gegenwärtig in weiten Kreisen begegnet, führt sich auf stärkere Faktoren zurück. Sie beruht, wenn man ihren Quellen nachgeht, in sehr starkem Maße darauf, daß zahlreiche Uebelthaten, die sonst nur in einer engbegrenzten Nachbarschaft bekannt wurden, heutzutage durch die Tagespresse vor das Forum der weitesten Oeffentlichkeit gebracht werden. Der Leser, der sich tagtäglich mit Berichten über Schandthaten aller Art und aus aller Herren Ländern bestürmt sieht, geräth leicht dazu, sich die Gegenwart als eine Art von Schreckenskammer vorzustellen, in welcher es an Verbrechen gegen das Leben, das Eigenthum und die Sittlichkeit wimmelt. In nicht minder starkem Maße trägt hierzu die angeblich naturalistische, in Wirklichkeit aber pessimistische Richtung der neueren Literatur bei, die es sich, namentlich in ihren Dramen, gradezu zur Aufgabe macht, dem Publikum die unerquicklichsten Zustände vor die Augen zu führen. Die Zuschauer, denen Ibsen als der Gipfelpunkt der modernen Dichtung oder Gerhart Hauptmann's Schauspiele als treue Abbilder der Wirklichkeit angepriesen werden, glauben schließlich selbst, daß es um unsere Sitten so übel bestellt sei, wie es ihnen auf der Bühne gezeigt wird. Und wie die neueste Emotionsdichtung ihre Stoffe vielfach nicht aus der Wirklichkeit, sondern aus papiernen Quellen schöpft, so nimmt die Presse der radikalen Parteien wiederum die Zuchtlosigkeit dieser poetischen Ausgeburten zum Anlaß, den sittlichen Niedergang der Bourgeoisie, die Decadenz der Gesellschaft festzustellen und die Gewißheit ihres baldigen Zusammenbruches triumphirend zu verkünden.

Es würde nicht schwer sein, die Meinung, als würde in Deutschland jetzt mehr und schlimmer gefrevelt, auf Grund kulturgeschichtlicher Nachweisungen und an der Hand der Criminalstatistik einer Prüfung zu unterziehen und als irrig darzuthun. Aber derartige Untersuchungen liegen außerhalb des Rahmens dieser Betrachtungen, die sich vielmehr auch bei diesem Kapitel auf einige Bemerkungen vom Standpunkte eines Reisenden beschränken.

Zunächst wird es kaum einen Widerspruch erfahren, wenn ich behaupte, daß der Stand der öffentlichen Sicherheit in Deutschland gegenwärtig so befriedigend ist, wie nie zuvor. Auf allen unsern Straßen, den großen Heerstraßen der Bahnen wie den Waldwegen unserer Gebirge, kann man zu jeder Tages- oder Nachtzeit ungefährdet verkehren. Raubanfälle gehören zu den verschwindenden Seltenheiten; wo sie vorkommen, führen sie sich auf momentane Ursachen zurück. Offene Auflehnung gegen die Staatsordnung, Banden, die im offenen Kriege mit der bürgerlichen Gesellschaft ein Räuberleben führten, wie im vorigen Jahrhundert und noch im ersten Viertel des jetzigen in manchem deutschen Waldgebiet, gibt's in Deutschland nicht mehr[1]). Schilderungen wie W. Hauff's „Wirthshaus im Spessart" oder wie Starklof's „Sirene", denen zur Zeit ihrer Entstehung Erinnerungen an thatsächliche Erlebnisse zu Grunde lagen, muthen uns jetzt so fremdartig an wie die Räubergeschichten aus Tausend und einer Nacht.

Verbrechen gegen das Leben kommen in Wirklichkeit nicht so häufig vor, wie es nach dem berechtigten Aufsehen, das jeder Fall erregt, den Anschein hat. Sie entstammen überwiegend Schichten der Be-

---

[1]) „Die Räuber" in Mannheim singen zwar mit Vorliebe das grimme Lied ihrer dort zuerst aufgeführten Schiller'schen Namensvettern, sind aber eine durchaus respectable Gesellschaft, deren Hauptmann Dienstwohnung hat, und deren Räuberhöhle jedem dort Eingeführten als eine Stätte frohsinniger Gastlichkeit in werthem Andenken bleibt.

völkerung, in denen der Hang, zum Messer oder zur Büchse zu greifen, von jeher tief eingewurzelt und schwer auszurotten gewesen ist, oder die, wie die Hefe unserer Großstädte, von jeher auf einer sittlich niederen Stufe gestanden haben. Die furchtbare Verrohung der Zuhälter, in deren Abgründe der Heinze'sche Mordprozeß Einblick gewährte, gehört weder zu den charakteristischen Kennzeichen unserer Zeit noch unseres Landes. Gleichwohl verdient sie bei uns wie anderwärts mit den nachdrücklichsten Mitteln bekämpft zu werden.

Das Eigenthum ist in Stadt und Land bei uns mindestens in gleichem Maße gegen verbrecherische Eingriffe gesichert, wie dies je zuvor und in irgend einem anderen Lande der Fall gewesen. Man ist bei uns wie in anderen Kulturländern ernstlich bestrebt, dem Gewohnheitsverbrecherthum, aus welchem die gefährlichsten und verwegensten Einbrecher hervorgehen, durch entsprechende Einrichtungen der Gefängnisse, durch Arbeitsgelegenheit für entlassene Strafgefangene, durch Asyle für Arbeitslose u. s. w. nach Möglichkeit zu steuern.

Ja, werfen pessimistische Leser ein, das mag Alles sein. Aber die Verbrechen und Vergehen, die vor die Strafgerichte kommen, sind nicht der einzige Maßstab für die Sittlichkeit der Gesellschaft. Sie krankt an einer sittlichen Entartung, die, wenn sie sich zu festen Missethaten nicht in gleichem Umfange wie früher aufschwingt, doch viel schlimmer und ausgebreiteter als früher in Erschlaffung der sittlichen

Zucht, in Verkümmerung der sittlichen Ideale, in allgemeiner Muthlosigkeit und Lebensmüdigkeit zu Tage tritt. Fin de siècle!

Und die Beweise?

Gegen den Pessimismus. Wenn dies Thema erörtert wird, so erlebt man oft, daß der Vertreter der pessimistischen Auffassung sich nicht auf eigene Erlebnisse oder auf die von Zeugen beruft, sondern einen Urkundenbeweis durch Vorbringung von Material antritt, das ihm aus der Lectüre von Zeitungen oder aus dem Theaterbesuch zur Hand ist, und das unter Verallgemeinerung der einzelnen Typen, als ob so unvernünftige Weiber, wie die Frau vom Meer, oder so emancipirte junge Damen, wie Hedda Gabler (die beide beiläufig keine Deutsche sind), bei uns Alltagserscheinungen wären, oder als ob trunkfällige Künstler, wie College Crampton, zur selbstverständlichen Staffage des Berliner Thiergartenviertels gehörten.

Nun ist zwar nichts üblicher und bequemer, als Gesammturtheile über die Moralität ganzer Nationen, des eigenen Volkes und fremder Völker zu fällen. Aber nichts ist in Wahrheit schwieriger als solche Urtheile zu begründen. Ich darf an die kerntreffenden Worte erinnern, mit denen Jacob Burckhardt in seinem klassischen Werke über „die Cultur der Renaissance“ da, wo er daran geht, über das Verhältniß der Italiener zur Sittlichkeit und Religion zu sprechen, die Grenzen des Urtheils zieht. Wohl könne man Contraste und Nüancen nachweisen, aber die absolute Summe des Ganzen zu ziehen, sei menschliche Einsicht zu schwach. „Abendländische Völker können einander mißhandeln, aber glücklicherweise nicht richten. Eine große Nation überhört es, ob man sie anklage oder entschuldige; sie lebt weiter mit oder ohne Gutheißen der Theoretiker.“

Auch die nachfolgenden Bemerkungen sind sich dieser Begrenzung des Urtheils voll bewußt. Aber sie halten für statthaft und nützlich, daß gegenüber so vielen Stimmen, die den Niedergang der deutschen Sitten laut in alle Welt hinausrufen, auch einmal nach der Legitimation der Stimmführer gefragt, einmal davor gewarnt werde, über den unzweifelhaft reichlich vorhandenen Schattenseiten die Lichtpunkte ganz zu übersehen.

Völlig übersehen wird z. B. von den Anklägern, daß die Unmäßigkeit beim Trinken, die schon dem ältesten Beobachter deutscher Sitten so stark auffiel, in unverkennbarer Abnahme begriffen ist. Man wolle sich nur erinnern, was uns in dieser Hinsicht in einem Höhepunkt unserer gesammten Volksentwickelung, im Zeitalter der Reformation, nachgesagt worden ist. Nicht bloß Ausländer (der „junge Deutsche, des Herzogs von Sachsen Neffe“, im Kaufmann von Venedig!), sondern auch sachkundige und unbefangene Deutsche jener Zeit haben uns Schilderungen des deutschen Trinkens hinterlassen, aus denen hervorgeht, daß Trunksucht damals ein Nationallaster des deutschen Volkes gewesen ist. „Das Bier“, sagt des wackeren Sebastian Münster's „Kosmographie“ (im 3. Buch Cap. 439: „von der Sachsen

Sitten und Fruchtbarkeit ihres Landts"), „trincken sie also unmäßig, ja reitzen und zwingen einander zu einem solchen vberfluß, daß einem Ochsen zu viel were. Sie lassen es auch nicht dabei bleiben, daß sie sich voll trincken, sondern trincken so lang, biß sie wieder nüchtern werden, und das treiben sie den gantzen tag, und auch offt die gantze nacht, und welcher die andern mit trincken vberwindt, der wird darum gelobt und ist jhm ein Ehre, er vberkompt auch dadurch ein Kleinot umb welches er mit trincken gestritten hat, unnd zum zeugnuß seiner erjagten Ehre wird er gekront mit Rosen oder anderen wolriechenden Kreutern." Auch heutzutage versteht man in Deutschland einen guten Trunk zu würdigen. Aber wer unseren Landsleuten in Sachsen oder in irgend einem andern deutschen Lande solche Dinge nachsagen wollte, wie der ehrliche Kosmograph von anno 1550, der würde einfach ausgelacht werden. Es ist geradezu erstaunlich, wie viel seltener man heut in Deutschland einem Betrunkenen auf der Straße begegnet als noch in meiner Kindheit. Einen Anblick wie in Glasgow, wo ich am Sonnabend Abend die Hauptstraße mit sinnlos betrunkenen Männern und Weibern bedeckt sah, — eine Vorwirkung der puritanisch strengen Sonntagsfeier! — habe ich in Deutschland nie und nirgends zu sehen bekommen.

Das Moralische ist selbstverständlich, sagt Fr. Theodor Vischer's „Auch Einer". Mag sein. Aber wenn es deutsche Art ist und bleiben möge, daß sittlich zu sein als verfluchte Pflicht und Schuldigkeit gilt, von deren Erfüllung kein Aufsehen gemacht werden darf, so brauchen wir es uns doch nicht gefallen zu lassen, daß die Pessimisten den Spieß umkehren und sagen, man spricht in Deutschland nicht von Moral, ergo giebt es keine. Gegenüber solchen Verdrehungen des Thatbestandes, die von den Umsturzparteien begierig aufgefaßt und zu Anklagen gegen die besitzenden Klassen ausgebeutet werden, ist es durchaus am Platze, daß Jeder auf Grund seiner eigenen Erfahrungen prüfe, ob unsere Sitten wirklich in zunehmender Verschlechterung begriffen sind. Wird eine Prüfung dieser Art ohne Prüderie und Splitterrichterei, aber auch ohne Schönfärberei und Augenzudrücken angestellt, so ist mir um das Ergebniß nicht bange. Denn dann würde zu Tage kommen, daß — neben argem Leichtsinn, viel Liederlichkeit und noch mehr Schwächen — im deutschen Familienleben doch auch viel ernste Lebensführung, viel Opfermuth, viel ausharrende Pflichttreue heimisch geblieben sind und zwar in allen Klassen der Bevölkerung. Wer in zahlreiche Haushaltungen zu sehen Anlaß hat, wie viele Beispiele stehen dem vor Augen von Eltern, die sich jeden Lebensgenuß versagen, um ihren Kindern eine bessere Erziehung, den Besuch höherer Schulen, die Ausbildung von künstlerischer Begabung zu ermöglichen. Wie viele Fälle, wo langjährige, unheilbare Leiden des einen Ehegatten von dem andern geduldig ertragen, unermüdlich gelindert und aufopfernd gepflegt werden. Wie viel Familien, die nach dem Tode des Vaters durch die Tapferkeit, den ausdauernden Muth, die häuslichen Tugenden einer deutschen Mutter aufrecht erhalten und vor dem Versinken bewahrt worden sind! Wie viel Geschwister, die in Freud und Leid für einander einstehen und sich die Schwierigkeiten des Lebens gegenseitig überwinden helfen! Wie viel stilles Heldenthum in der Mutterliebe, die vor keinem Opfer der eigenen Gesundheit zurückschreckt, wenn es sich um die Wiederherstellung, die Erhaltung und schließlich um Milderung des unvermeidlichen Endes bei einem kranken Kinde handelt!

Ich glaube auch nicht, daß das Ergebniß ungünstiger wird, wenn man die Prüfung über den Familienkreis hinaus auf allgemeinere Aufgaben der Sittlichkeit, auf Wohlthätigkeit, humane Zwecke, Bekämpfung sittlicher Gebrechen oder Nothstände u. dergl. ausdehnt. Die Veranstaltungen unserer „wohlthätigen Frauen“ werden hier und da belächelt, aber mehr, weil ihr Eifer mitunter zu weit geht, als weil es ihnen an Herz oder an milden Händen für die Linderung fremder Noth fehlt. Wer hat früher daran gedacht, den Kindern der ärmeren Klassen den Genuß der Sommerfrische, den Aufenthalt auf dem Lande, am Strande, im Walde zu verschaffen, wie es in wachsendem Umfange durch die von einem der thatkräftigsten Menschenfreunde unserer Zeit, dem Zürcher Pfarrer Bion, ins Leben gerufenen Feriencolonien geschieht? Kinderasyle, wie sie in Müritz an der mecklenburgischen Ostseeküste, auf Sylt, Norderney und in anderen Ost- und Nordseebädern errichtet worden sind, um mittellose kleine Patienten durch Seeluft und Seebäder zu kräftigen, sind Schöpfungen der neuesten Zeit. Ein Humanitätswerk aber von dem Umfange und der Schwierigkeit der zu lösenden Aufgaben, wie sie den vom Pastor von Bodelschwingh in der Nähe von Bielefeld begründeten und geleiteten Anstalten für Epileptiker, Idioten und andere Hülflose gestellt sind, haben wenige Völker und wenige Zeiten aufzuweisen. An der unverzagten Hoffnungsfreudigkeit, an der warmherzigen Menschenliebe, mit der dort Tausende der Unglücklichsten und Elendesten aufgenommen, gepflegt, aufgerichtet und getröstet werden, könnte sich mancher skeptisch angehauchte Geist zu neuem Glauben an die Menschheit und zu neuer Widerstandskraft im Kampf ums Dasein aufraffen.

Sociale Zustände. Die stärkste Wurzel des Pessimismus ist seine Auffassung unserer *socialen* Zustände. Sie erscheinen selbst Männern, die sich von unnöthig trüber Weltanschauung sonst fern halten, in hohem Grade gefahrdrohend. Die systematisch betriebene Aufhetzung der Arbeiterbevölkerung gegen die besitzenden Klassen, die Bekämpfung jeder göttlichen und menschlichen Autorität durch die socialdemokratische Presse haben die socialen Gegensätze in einem Maße verschärft und die Erörterung der socialen Schäden in einer Weise verbittert, daß sich in weiten Kreisen ernste Besorgniß um die Erhaltung der bürgerlichen Ordnung, um die Zukunft der deutschen Kultur geltend macht. Vielen erscheint man schon als unverbesserlicher Optimist, wenn man diese Besorgniß zwar als begründet anerkennt, aber an die Möglichkeit einer Besserung glaubt, oder wenigstens nicht jeden Widerstand von vornherein für hoffnungslos hält.

Es ist ferner unverkennbar, daß die schärfere Betonung der confessionellen Gegensätze, die auch nach

Beendigung des Kulturkampfes noch keineswegs überall gehoben ist, auf die socialen Zustände in überwiegend unerfreulicher Weise einwirkt. Städte, in denen es nach dem Goethe'schen Verse

> mit der Parität
> Noch in der alten Ordnung steht,
> Das heißt, wo sich die Katholiken
> Und Protestanten in einander schicken,

sind am Ende des 19. Jahrhunderts leider seltener auf deutschem Boden zu finden, als am Anfang oder auch noch in der Mitte. Der Verkehr zwischen den Angehörigen verschiedener Confessionen ist jetzt weniger zwanglos, das bürgerliche Zusammenleben, namentlich in Orten, wo mit dem Unterschiede der Confession auch noch ein solcher der Nationalität zusammenfällt, weniger verträglich, als dies in früheren Jahrzehnten der Fall war.

Kommt zu dem Klassenhaß, den die Demagogie den Arbeitern einzuimpfen sich bestrebt, und zu dem Massenhaß, der, bewußt oder unbewußt, von den intoleranten Vorfechtern des Confessionalismus gepredigt wird, noch obendrein der von den Antisemiten wieder erweckte und mit aller Macht geschürte Rassenhaß, so ergeben sich daraus Zustände, die von unseren Jugendidealen in sehr betrüblichem Maße abweichen, und die selbst muthige und frohgelaunte Herzen mit Sorge und Scham erfüllen. Indessen wäre es für die Wohlgesinnten das denkbar Schlimmste, wenn sie sich diesen trüben Eindrücken widerstandslos hingeben, wenn sie darauf verzichten wollten, mit der ganzen Wucht, welche ihre Bildung, Erfahrung und Ansehen ihnen verleihen, gegen die um sich greifende Entmuthigung zu Felde zu ziehen, wenn sie sich bereden ließen, den Posten, auf welchen Abstammung und Erziehung, ererbter oder erarbeiteter Besitz, Autorität oder Wahl sie gestellt haben, unmännlich zu verlassen und an Feinde der staatlichen Ordnung auszuliefern. Ueberdies liegen auch hier die Dinge in Wirklichkeit lange nicht so hoffnungslos, wie vielfach angenommen wird. Sie liegen namentlich ganz anders, als die Umsturzparteien es behaupten.

Klassenunterschiede und Klassengegensätze. Sie behaupten vor Allem, daß durch die Großindustrie und die Kapitalswirthschaft in unserer Zeit die Klassenunterschiede viel stärker geworden seien als je zuvor. Sie behaupten, daß ein Ausgleich dieser Unterschiede auf dem Boden der gegenwärtigen Gesellschaftsordnung unmöglich sei, und sie bezeichnen deshalb den Zusammenbruch dieser Ordnung und ihren Ersatz durch eine andere — welche, bleibt in den Wolken verborgen — als das alleinige Heilmittel für unsere socialen Schäden. Dem gegenüber läßt sich auf Grund von thatsächlichen Wahrnehmungen in allen Theilen Deutschlands nachweisen, daß die Prämisse, von welcher diese Behauptungen ausgehen, völlig unrichtig ist.

Zwar sind die Klassengegensätze jetzt schroffer als früher, aber die thatsächlichen Klassenunterschiede sind nicht größer geworden, sondern sie werden immer geringer.

Das tritt zunächst auf das Unverkennbarste in der gesammten äußeren Lebensführung an den Tag. Unsere Wohnungen haben in den letzten Menschenaltern allgemein durchgreifende Verbesserungen erfahren. Aber das Hauptgewicht dieser Verbesserungen fällt auf die Arbeiterwohnungen, in den Städten wie auf dem Lande. Von Ausnahmen abgesehen, wie sie im großstädtischen Kampf ums Dasein leider vorkommen und schwerlich ganz zu beseitigen sind, leben unsere städtischen und ländlichen Arbeiter jetzt in gesunderen und menschenwürdigeren Wohnungen als früher. Ich stütze mich hierfür nicht auf die zahlreichen Fälle, in denen wie bei den Bergwerken des Saarreviers, oder wie in der Arbeiterstadt in Mülhausen und in anderen Industrieorten, eigene Häuser für die Arbeiterbevölkerung von den Arbeitgebern hergestellt werden, oder wo durch Wohlfahrtseinrichtungen, wie die Berliner Gemeinnützige Baugesellschaft, für bessere Arbeiterwohnungen gesorgt wird. Vielmehr berufe ich mich auf die Fortschritte, welche die Wohnungsverhältnisse im Vergleich zu der Enge, der mangelnden Wasserversorgung, den schlechten Kochgelegenheiten, der unsagbaren Verwahrlosung der Aborte, die man früher als selbstverständlich hinnahm, allgemein gemacht haben. Fortschritte, welche den minder bemittelten Klassen verhältnißmäßig am stärksten zu gute kommen. Wie sahen die Fenster ländlicher Arbeiterwohnungen vor dreißig Jahren aus? Die handbreiten trüb angelaufenen Glasstücke, die damals die Regel bildeten, sind heute beinah überall durch helle große Scheiben ersetzt worden, hinter denen auch in den ärmsten Dörfern Töpfe mit blühenden Geranien sichtbar werden.

Noch augenfälliger ist die Verminderung der Klassenunterschiede in der Kleidung. Sie bildete noch im vorigen Jahrhundert ein Kennzeichen für Rang- und Standesabstufungen, das in den verschiedenen Klassen der Bevölkerung von beiden Geschlechtern respectirt wurde. Mit Ausnahme der Uniform und der Hoftracht sind die Unterschiede der Männerkleidung im Verschwinden begriffen. Der bürgerliche schwarze Rock wird immer mehr zur Kirchenkleidung auch für die Bauern; die bequeme Joppe des Arbeiters wird Alltags von allen Ständen bevorzugt. Die ländlichen Trachten kommen leider viel zu sehr außer Gebrauch. Aeltere Frauen behalten sie noch vielfach bei, aber die jüngeren fürchten, sich im Faltenrock und Mieder oder der Haube der Vorzeit lächerlich zu machen und legen städtische Kleidung an. Die Magd im Putz nimmt es mit Frau und Töchtern der Herrschaft auf. Ich habe in den Putzmacherläden in St. Johann oder in Gelsenkirchen von Arbeitern Damenhüte kaufen sehen, vor deren glänzender Ausstattung sich der meiner Frau verstecken konnte.

Auch in der Nahrung gleichen sich die Unterschiede mehr und mehr aus; die Verbesserungen in Kost und Getränk liegen vorwiegend auf Seiten der arbeitenden Klassen. Fleischnahrung gehört jetzt für Bevölkerungsschichten in Deutschland zum täglichen Bedürfniß, für welche sie früher eine Seltenheit war.

Kaffee und Zucker, früher ein Vorbehalt der Wohlhabenden, sind jetzt den Aermsten zugänglich. Bier wird von allen Klassen, wenn auch nicht überall, wie im Münchener Hofbräuhaus, auf derselben Bank, doch mit gleichem Eifer getrunken.

Im Hausrath läßt sich derselbe Prozeß verfolgen. Die Petroleumlampe leuchtet in Stadt und Land gleichmäßig den Armen wie den Reichen. Taschenuhren sind auch für Arbeiter ein selbstverständlich anzuschaffendes Geräth geworden. Wandspiegel, Sophas halten ihren Einzug in Wohnungen, denen sie früher unbekannt blieben.

Noch viel durchgreifender ist die Abnahme der Klassenunterschiede in Beziehung auf die geistigen Lebensbedingungen und die Rechtslage. Durch die Volksschule ist eine allen Ständen gemeinsame Grundlage der Bildung geschaffen worden, welche früher vollständig fehlte. Das Niveau dieser gemeinsamen Bildung ist, sowohl was die Ziele des Unterrichts, als die Methode und die Erfolge desselben betrifft, in fortschreitender Erhöhung begriffen. Der Unterschied zwischen den Lehrplänen des Elementarunterrichts und der Mittelschulen ist jetzt beträchtlich geringer als vor fünfzig Jahren. Die körperliche Ausbildung, die früher nur an Mittelschulen einen Theil des Unterrichts bildete, wird jetzt in allen Schulen mit Eifer und großer Theilnahme der Jugend betrieben. Es ist eine Freude, vor den Dorfschulen die Freiübungen und das Geräthturnen der Knaben, den Reigen der Mädchen zu sehen. Unterricht in weiblichen Handarbeiten wird jetzt in Volksschulen und zwar in steigendem Maße auch auf dem Lande ertheilt. Ebenso kommen in der äußeren Erscheinung und der inneren Ausstattung der Schulhäuser die verhältnißmäßig stärkeren Verbesserungen der Volksschule zu einem sehr bezeichnenden Ausdruck. Die Städte, die großen wie die kleinen, wetteifern in dem Streben, stattliche Schulgebäude aufzuführen und sie mit allen der Gesundheitspflege dienlichen Einrichtungen zu versehen. Auf dem Lande ist der Fortschritt noch deutlicher sichtbar. Was für Dorfschulräume sind mir aus meiner Jugend in Erinnerung geblieben! Jetzt hat jedes Dorf ein sauberes, gesundes, helles Schulhaus; oft ist das Schulhaus das beste Gebäude des Dorfes.

Welche Kluft durch den allgemeinen Volksunterricht überbrückt worden ist, kann nur durch Vergleich mit anderen Ländern ermessen werden. Die Zahl der Lesens- und Schreibensunkundigen ist in Deutschland im Verschwinden; sie erreicht bei der Aushebung zum Militärdienst schon seit Jahren kaum Ein Procent der ausgemusterten jungen Mannschaft. In Italien beläuft sich trotz der energischen Anstrengungen des jungen Königreichs die Ziffer der Analphabeten noch immer auf die Hälfte der Gesammtbevölkerung; sie steigt in einzelnen Provinzen des früher besonders arg vernachlässigten Südens sogar bis auf drei Viertel ihrer Einwohnerzahl. Noch immer giebt es dort Gebiete, wo Lesen und Schreiben als Vorbehalt der signori gilt, und wo sich die Unwissenheit der ärmeren

Klassen in unbesieglichem Mißtrauen gegen die Reichen, in stumpfem Widerstand gegen Verbesserungen ihrer wirthschaftlichen Lage, in Ausbrüchen des Hasses gegen Aerzte, Beamte, Anwälte, Richter erschreckend kund giebt.

Neben der Volksschule trägt der allgemeine Waffendienst mächtig dazu bei, die ganze sociale Stellung der ärmeren Klassen zu heben. Nicht allein durch die Vervollständigung, welche der Schulunterricht während der Militärzeit in der Regimentsschule und vermöge der planmäßigen körperlichen Ausbildung des jungen Soldaten erfährt, sondern durch die militärische Erziehung zum Gehorsam, zur Pünktlichkeit, zur Sauberkeit, zum präcisen Erfassen und Ausführen täglicher Pflichten wird der Mann in seinem Charakter gefestigt, in seiner Leistungsfähigkeit gestärkt; seine Ansprüche an das Leben, sein ganzer Gesichtskreis erweitern sich. Der tiefgreifende Einfluß, den die allgemeine Dienstpflicht auf die Gesammthaltung der Bevölkerung ausübt, läßt sich an den Abstufungen deutlich wahrnehmen, in denen diese Wirkung je nach den Generationen, die in den einzelnen Theilen Deutschlands bereits unter Waffen gestanden haben, stärker oder schwächer eingetreten ist.

Eine ungemein umfassende und nachhaltige Einwirkung auf die Ausgleichung der Klassenunterschiede wird ferner durch die modernen Verkehrseinrichtungen ausgeübt. R o w l a n d H i l l ist durch Wahrnehmung des schweren Druckes, mit welchem das hohe Briefporto auf den ärmeren Klassen lastete, und der kleinen

Kunstgriffe, mit denen sie diesem Druck zu entgehen suchten, zu seinen Reformideen angeregt worden; in seiner berühmten Broschüre „Post office reform“ hat er den Vorschlag, das Pennyporto einzuführen, wesentlich durch den Hinweis auf die religiösen, sittlichen und intellektuellen Vortheile begründet, die sich für die Nation daraus ergeben würden. Durch Freigebung des Briefverkehrs werde die Post den Charakter eines mächtigen Kulturwerkzeugs (a powerful engine of civilization) annehmen. Als während der Probezeit des neuen Tarifs in England Zweifel über seine Wirkungen entstanden, trat Harriet Martineau mit der Autorität, welche ihre zahlreichen und gediegenen nationalökonomischen Schriften ihr verliehen hatten, auf das Nachdrücklichste für die Aufrechterhaltung des Pennyportos ein, das für Hunderte und Tausende von fleißigen Arbeitern wichtiger sei als eine Lohnerhöhung, weil es ihnen die Möglichkeit biete, im Zusammenhange mit ihren Familien zu bleiben. Diese Gesichtspunkte sind heute, wo wir, Dank der Energie des Leiters der deutschen Post, auf der ganzen Welt ein einheitliches billiges Briefporto genießen, noch in verstärktem Maße zutreffend. Briefverkehr zwischen fernen Ländern, der sonst wegen der Höhe der Taxen ein Privileg der Wohlhabenden war, steht jetzt auch den Unbemittelten für 20 und für 10 Pfg. rings um die Erde offen.

Ueber die nivellirende Kraft der Eisenbahnen wird es kaum eines Wortes bedürfen. Sie ist so stark, daß unter ihrem Einfluß selbst in Indien die vieltausendjährigen Schranken, welche den Verkehr der verschiedenen Kasten abgrenzten, sich zu erweitern beginnen, geschweige denn bei uns. Früher rollte der Vornehme im eigenen Reisewagen, die Mittelklasse in der Postkutsche auf der Landstraße daher; der Arbeiter ging zu Fuß. Jetzt läutet ihnen dasselbe Glockenzeichen zum Einsteigen in den Zug, der sie Alle zusammen in die Weite führt. Die wirthschaftlichen Vortheile, welche den ärmeren Klassen in Verwerthung ihrer Arbeitskraft durch die Bahnen erwächst, leuchten ebenfalls ohne Weiteres ein.

Die allerdurchgreifendste und wichtigste Veränderung zu Gunsten der arbeitenden Klassen hat sich aber in der völligen Umgestaltung ihrer Rechtslage vollzogen. Die Gewährung der Freizügigkeit, der Wegfall zahlreicher Beschränkungen der Gewerbefreiheit kommt ihnen in stärkerem Maße zu Gute als der besitzenden Klasse. Das Vereinsrecht und die auf Grund desselben bestehende, durch die Reichsgesetzgebung erweiterte Coalitionsfreiheit hat den Arbeitern ein von ihnen im weitesten Umfange angewendetes Mittel an die Hand gegeben, um bei Feststellung der Arbeitsbedingungen, namentlich bei Vereinbarung der Lohnsätze ihre Interessen zu wahren. Auf dem weiten Gebiete der Rechtspflege gilt gleiches Recht für Alle. In dem allgemeinen Wahlrecht haben die Arbeiter hinsichtlich der Wahlen zu der weitaus wichtigsten Volksvertretung, dem deutschen Reichstage, ein Maß politischer Gleichberechtigung erlangt, wie es in altconstitutionellen Ländern in diesem Umfange auch nicht annähernd besteht und überhaupt nur selten erreicht wird.

Bedenkt man, wie schnell diese Umgestaltung der Rechtslage vor sich gegangen, und wie unvermittelt sie in manchen Stücken und in manchen Gebieten eingetreten ist, so kann man vielleicht zweifeln, ob bei der Ausgleichung der geschichtlich entstandenen Klassenunterschiede in Deutschland immer das erforderliche Maß von Vorsicht beobachtet worden ist; dagegen findet die Auffassung, daß diese Unterschiede im Zunehmen begriffen seien, in den vorliegenden Verhältnissen nicht die geringste Unterstützung. Jedenfalls bieten die thatsächlich noch vorhandenen Unterschiede keinen Grund für die bedrohliche und bedauernswerthe Verschärfung, die sich in dem Gegensatz zwischen den verschiedenen Klassen eingeführt hat.

Milderung der Gegensätze. Vielleicht in keinem Lande der Welt geschieht so viel wie in Deutschland, um diesen Gegensatz zu mildern. Die Socialgesetzgebung des Reichs ist durch die Regelung der Krankenversicherung, durch die Verallgemeinerung der Fürsorge für die bei Unfällen beschädigten Arbeiter, durch die Schaffung einer sämmtliche Arbeiter umfassenden Alters- und Invalidenversicherung für kranke, beschädigte und arbeitsunfähige Arbeiter in einem Umfange eingetreten, der seines Gleichen nie zuvor gehabt hat und auch gegenwärtig nirgendwo sonst zu finden ist. Es sind dadurch den besitzenden Klassen zu Gunsten der Arbeiter Lasten auferlegt worden, welche die in andern Ländern üblichen oder gesetzlichen Leistungen bei Weitem übersteigen. Die Summen, welche jährlich von den großen Eisenwerken, Kohlenzechen u. s. w. für die Arbeiterversicherung und Rentenzahlung aufzubringen sind, beziffern sich auf Hunderttausende. Hunderttausende von Arbeitern oder Angehörigen von Arbeitern erhalten allmonatlich an den Postschaltern des deutschen Reiches Renten ausgezahlt, zu deren Aufbringung die Arbeitgeber mindestens in gleichem Maße beigetragen haben wie die Arbeiter selbst, und zu deren größtem Theil außerdem aus Reichsmitteln beträchtlich beigesteuert wird. Und auch über die gesetzliche Verpflichtung hinaus wird für die Wohlfahrt der Arbeiter in ausgedehntem Maße Seitens der Arbeitgeber durch alle nur denkbaren Vorkehrungen gesorgt. Ich kenne kaum eine größere Industrieanlage, deren Leiter nicht darauf bedacht wäre, seinen verheiratheten Arbeitern gesunde Wohnungen, den Unverheiratheten passende Unterkunft zu verschaffen, für Alle Stätten zur Erholung, gemeinsame Feste, Gelegenheit zur weiteren Fortbildung, zur Beförderung des Sparsinnes einzurichten[1]). Wenn man diese Verhältnisse einigermaßen vor Augen hat, so kann man sehr wohl begreifen, daß unsere Großindustriellen über den in der

[1]) Wer sich einen Ueberblick über das auf diesem Gebiete Geleistete verschaffen will, dem seien die von der Centralstelle für Arbeiter-Wohlfahrtseinrichtungen veröffentlichten Schriften und das von dieser Stelle herausgegebene Correspondenzblatt empfohlen.

socialdemokratischen Presse erhobenen Vorwurf der Arbeiterausbeutung in Entrüstung gerathen. Weniger begreiflich ist, daß in der Literatur mit Vorliebe eine der Wirklichkeit nicht entsprechende Darstellung dieser Dinge vorgeführt wird. In vielen modernen Romanen und Dramen wird den Fabrikherren aller Schatten, den Arbeitern alles Licht zugetheilt. Das trägt zur Ausgleichung der Gegensätze natürlich nichts bei, liefert vielmehr nur Wasser auf die Mühlen der Demagogen, die sich ohnedies auf das Aeußerste bemühen, die Gegensätze zu verschärfen.

Wer es unternimmt, die Arbeiterbewegung, die eine so außerordentlich wichtige Stelle im socialen Leben der Gegenwart, namentlich der deutschen Gegenwart, einnimmt, dichterisch darzustellen, der sollte sich der damit verbundenen schweren Verantwortung bewußt sein. Er sollte klar vor Augen haben, wie gefährlich es ist, auch nur scheinbar auf die Seite derer zu treten, welche die Arbeiter durch alle erdenklichen Mittel gegen die Besitzenden aufreizen und verhetzen. Er sollte bedenken, daß schon so wie so genug Haß gesäet wird, und daß die Männer wahrlich keinen leichten Stand haben, die inmitten aufgeregter Arbeitermassen das Element der Ordnung und der Gesetzlichkeit vertreten. Wissen die Herren, die ihre Fabrikanten zu Theaterbösewichten machen, denn nicht, daß die Arbeiter diese Geschöpfe für Wirklichkeit nehmen und darin eine greifbare Bestätigung der Irrlehren erblicken, die ihnen tagtäglich beigebracht werden?

Oder wäre es überflüssig, wäre es einer Freien Bühne, eines Volkstheaters unwürdig, zu zeigen, daß auch Arbeiter Pflichten haben, daß diese Pflichten mit den Rechten wachsen, daß kein Recht auf die Dauer ohne Erfüllung der damit verbundenen Pflichten bestehen kann? Zu zeigen, daß nach unabänderlichen Gesetzen, denen auch Arbeiter sich nicht entziehen können, Jeder, der seine Pflicht verletzt, eine Schuld auf sich nimmt, und daß jede Schuld sich rächt auf Erden? daß ohne sittliche Ordnung, ohne Recht und Gesetz kein Gemeinwesen bestehen kann, und daß, je freier ein Gemeinwesen ist, um so strenger auch die Freiheit Anderer geachtet werden muß?

Das klingt freilich anders als die Sprache, mit welcher die Arbeiter in Strikeversammlungen, bei Boycottirungen u. s. w. bethört und aufgeregte Massen zu Gewaltthätigkeiten gegen Genossen verleitet werden, welche die Arbeit nicht sofort niederlegen wollen. Aber es ist die Sprache der Gerechtigkeit, und diese Sprache wird niemals ungestraft überhört.

Dank der Besonnenheit und der Festigkeit, welche die Vertreter der öffentlichen Ordnung und die Leiter der großen Industrie-Unternehmungen in schweren Krisen allgemeiner Arbeitseinstellungen bewiesen haben, hat diese Sprache bisher in Deutschland sich noch immer wieder Gehör verschafft und zur Wiederherstellung des Friedens ausgereicht. Es besteht kein ausreichender Grund zu der Befürchtung, daß es in Zukunft anders kommen werde. Aber wohl ist ausreichender Grund dafür vorhanden, daß

Alle, welchen Deutschlands Zukunft am Herzen liegt, sich hüten sollten, die Arbeiter in unbilligen Ansprüchen an die Arbeitgeber, in Auflehnung gegen die Rechtsordnung, in der Erbitterung gegen die Besitzenden zu bestärken. Man sollte sie vielmehr immer wieder und wieder darüber aufklären, daß die nicht die besten Freunde des Arbeiters sind, die ihm vorspiegeln, daß seine Lage durch einen Umsturz der heutigen Gesellschaft verbessert werden könne, und daß die Hebung der arbeitenden Klassen auf einem anderen Wege als durch Fleiß, Sparsamkeit, fortschreitende Gesittung und Bekämpfung zuchtloser Gelüste zu erreichen sei.

Auf diesem Wege haben sich in Deutschland viele tüchtige Arbeiter aus bescheidensten Anfängen zu leitenden Stellungen, zu Wohlstand und Ansehen emporgebracht. Viele unserer größten Industriellen verdanken ihre jetzige Position der eigenen Kraft oder haben Arbeiter zu Vätern gehabt. Es ist ein Märchen, wenn behauptet wird, daß solche Fälle in unserer Kapitalwirthschaft nicht mehr vorkämen. Im Gegentheil: je reichlicher das Kapital vorhanden ist, um so lieber ist es bereit, sich in den Dienst des gewerblichen und technischen Unternehmungsgeistes zu stellen; es fragt nicht nach dem Stammbaum und nicht nach der gelehrten Bildung des Mannes, der durch seine Sachkenntniß, seine Energie und seinen Charakter Vertrauen erworben hat. Ich habe in den verschiedensten Theilen von Deutschland Männer getroffen, die ihre Laufbahn am Schraubstock und am

Webstuhl begonnen haben und jetzt an der Spitze großer Unternehmungen stehen, zu deren Anfängen ihnen Mittel von Kapitalbesitzern vorgeschossen worden sind.

Durch die wachsende Ausgleichung der Klassenunterschiede wird ein solches Aufsteigen mehr erleichtert als erschwert. Denn wenn auch bei der allgemeinen Erhöhung des Niveaus der Einzelne jetzt vielleicht etwas mehr Mühe hat, sich vor Anderen auszuzeichnen als früher, so ist doch die Distanz geringer geworden, die ihn von dem zu erreichenden Ziele trennt, und einer tüchtigen Kraft stehen jetzt stärkere Hülfsmittel zu Gebote, um bekannt zu werden oder um sich ein geeignetes Feld für ihre Wirksamkeit zu verschaffen.

Alles in Allem: auch die socialen Zustände in Deutschland sind lange nicht so schlimm, wie die Pessimisten sie schildern. Sie fordern zu sorgfältiger Beobachtung der vorhandenen Schäden, zur Ausdauer und Geduld in Anwendung der zu ihrer Linderung erwählten Heilmittel, zur Festigkeit in der Abwehr unberechtigter Uebergriffe auf. Aber sie sind nicht so beschaffen, daß wir mit Mißmuth auf die Gegenwart, ohne Hoffnung in die Zukunft blicken müßten.

Rückblick und Schluß. Kehren wir für einen Augenblick zu dem Ausgangspunkte unserer Betrachtungen zurück. Wer seit fünfzig Jahren reist, der hat, so sahen wir, die denkbar größte Umwälzung in der Art des Reisens erlebt. Beinahe ebenso groß ist die Veränderung, welche während dieses Zeitraums auf allen Gebieten des deutschen Volkslebens vor sich gegangen ist. Wir Aelteren, die wir diese Umgestaltung mit erlebt haben, finden es nicht leicht, ihren Umfang und ihre Tiefe dem jüngeren Geschlecht anschaulich vorzuführen. Denn die Jugend nimmt Alles, was wir im Laufe der Jahre, vielfach über Verhoffen, erreicht haben, einfach als selbstverständlich hin und erblickt in dem, was uns als köstlichste Errungenschaft werth und heilig ist, die Basis für neue Wünsche und das Objekt ihrer Kritik. Es ist für sie eben schlechthin unmöglich, sich in die Zeit zurückzuversetzen, in der ihre Väter jung waren. Selbst so ausgezeichnete Versuche, dies literarisch zu thun, wie wir sie einem feinsinnigen und vielerfahrenen Juristen[1]) oder einem Fürsten der deutschen Naturwissenschaft[2]) verdanken, geben doch nur von einzelnen Faktoren Rechenschaft und reichen nicht aus, um ein Bild der Gesammtentwicklung zu gewähren, die Deutschland in dem letzten halben Jahrhundert zurückgelegt hat. Wozu andere, in der behenden Erfassung des Neuen uns überlegene Nationen Jahrhunderte gebraucht haben, das hat sich bei uns in einer kurzen Spanne Zeit auf einmal oder dicht hintereinander vollzogen: die politische Einheit, die Wiedererlangung alten, lange verloren gewesenen Volksbesitzes, die wirthschaftliche Einigung, neues Maß, Gewicht und Geld, die Umwälzung der Ver-

[1]) Otto Bähr, Eine deutsche Stadt vor sechzig Jahren. Leipzig 1884.

[2]) August Wilhelm von Hofmann's Rede auf der sechzigsten Naturforscherversammlung in Bremen.

kehrseinrichtungen, die Anbahnung der Rechtseinheit, der Uebergang vom absoluten Regiment zum Verfassungsstaat, die wirthschaftliche und politische Gleichberechtigung aller Bevölkerungsklassen, die Herstellung einer einheitlichen Heeresmacht, die Gründung einer Kriegsflotte, die Anfänge deutscher Colonien und wie Manches noch, was in unser Leben nach allen Richtungen hin umgestaltend eingegriffen hat. So rasche Erfolge erschweren die richtige Würdigung des Einzelnen; sie rufen ein Maß von Begehrlichkeit wach, dem auch der schnellste Verlauf nicht mehr genügt, und mit dem gemessen Vieles als ein Stillstand, ja als ein Rückschreiten erscheint, was in Wirklichkeit regelmäßige Fortentwicklung ist.

Gewiß wäre die Meinung irrig, wir hätten nun alle Ziele erreicht und könnten uns wirthschaftlich, sittlich und social auf unsern Lorbeeren ausruhen. Im Leben der Nationen wie in dem der einzelnen Personen giebt es keine Ruhepunkte; Leben heißt Wirken, heißt Streben, für die Einzelnen wie für die Völker. Nichts wäre dem deutschen Gemüth fremder als eine sich selbst bespiegelnde quietistische Selbstgerechtigkeit, die alle Anforderungen der Zukunft mit dem Hinweis darauf abzuweisen versuchte, wie wir es in der Gegenwart so herrlich weit gebracht!

Wovor diese Betrachtungen warnen wollen, das ist nicht das Streben nach Verbesserung, sondern das Verkennen, die Verurtheilung der bestehenden Zustände, vor allem die apathische Widerstandslosigkeit gegenüber den Stimmen, die auf der Bühne wie auf der Tribüne, in der Presse wie am Familientische der Weisheit letzten Schluß gefunden zu haben meinen, wenn sie das alte erzpessimistische Wort auf uns anwenden, daß Alles, was besteht, nur werth sei, daß es zu Grunde geht.

Pessimisten hat es von jeher gegeben, aber geholfen haben sie niemals auch nur das Geringste.

Ihren Unkenrufen und den demagogischen Aufhetzungen bewußter oder unbewußter Unruhestifter kann, wer sich einen unbefangenen Blick über die wirklichen Zustände unseres deutschen Volkslebens bewahrt, mit gutem Gewissen die Frage entgegenstellen: Wann hat es denn in Deutschland jemals bessere Zeiten gegeben als die jetzigen?

Hat es namentlich je eine Zeit gegeben in Deutschland, wo allen Klassen der Bevölkerung ein größeres Maß von wirthschaftlicher Freiheit, von sittlicher Selbständigkeit und Unabhängigkeit, von socialer Gleichberechtigung zugestanden hat als heute?

Hat das deutsche Volk politisch die Einheit gefunden, die ihm die Irrwege des Particularismus so lange verlegt haben; nimmt Deutschland am Ende des neunzehnten Jahrhunderts im Rathe der Völker eine Stelle ein, wie sie ihm seit den Tagen der Hohenstaufen verwehrt worden war: weshalb sollten wir nicht hoffen dürfen, auch den innern Ausbau unserer wirthschaftlichen, sittlichen und socialen Zustände im Wege friedlichen Fortschrittes durchzuführen?

Indessen es ist Zeit, diese Betrachtungen zu

schließen. Sie sind sehr weit entfernt von dem Anspruch, irgend eine der zahlreichen Fragen, welche sie berührten, erschöpft oder auch nur annähernd vollständig umschrieben zu haben. Das lag von vornherein ebenso außerhalb der Absicht wie außerhalb der Zuständigkeit eines bescheidenen Reisenden. Aus einer Fülle von zahlreichen, unterwegs angestellten Beobachtungen herausgegriffen, haben sie lediglich den Zweck im Auge gehabt, an einigen Beispielen zu zeigen, wie am Ende des neunzehnten Jahrhunderts in Deutschland gereist wird, was man auf Reisen in Deutschland sehen kann, und wie die Zustände beschaffen sind, die man antrifft. Der Verfasser bezweifelt keinen Augenblick, daß Viele das, was er hier zu geben versucht hat, besser und auf Grund einer weit vollständigeren Kenntniß geben könnten; wenn sie es thun, wird er sicherlich zu denen gehören, die sich am meisten darüber freuen. Er ist sich bewußt, seine Betrachtungen wiederholt auf Dinge gelenkt zu haben, um welche sich Vergnügungsreisende nicht zu kümmern pflegen. Allein er hat es oft an sich erfahren, daß das Reisen um so mehr Vergnügen macht, je weniger es bloß zum Vergnügen geschieht. Vielleicht bekommt der eine oder andere seiner Leser durch diese Betrachtungen Lust dazu, nicht bloß durch, sondern in Deutschland zu reisen. Je mehr der geneigte Leser das thut, desto sicherer wird er dem Verfasser darin beistimmen, daß es sich in Deutschland aushalten läßt.

GPSR Compliance

The European Union's (EU) General Product Safety Regulation (GPSR) is a set of rules that requires consumer products to be safe and our obligations to ensure this.

If you have any concerns about our products, you can contact us on ProductSafety@springernature.com

In case Publisher is established outside the EU, the EU authorized representative is:

Springer Nature Customer Service Center GmbH
Europaplatz 3
69115 Heidelberg, Germany

Batch number: 10682564

Printed by Printforce, the Netherlands